优雅淡定的女人不生气

YOUYA DANDING DE NVREN BU SHENGQI

迟双明 编著

成都时代出版社
CHENGDU TIMES PRESS

图书在版编目（C I P）数据

优雅淡定的女人不生气 / 迟双明编著 . -- 成都：成都时代出版社，2016.12（2018.8重印）
ISBN 978-7-5464-1766-0
Ⅰ . ①优… Ⅱ . ①迟… Ⅲ . ①女性—修养—通俗读物 Ⅳ.①B825.5-49
中国版本图书馆 CIP 数据核字（2016）第 255464 号

优雅淡定的女人不生气
YOUYA DANDING DE NVREN BUSHENGQI
迟双明　编著

出 品 人	石碧川
责任编辑	陈德玉
责任校对	张　洁
装帧设计	别有天地
责任印制	干燕飞
出版发行	成都时代出版社
电　　话	（028）86618667（编辑部）
	（028）86615250（发行部）
网　　址	www.chengdusd.com
印　　刷	三河市嵩川印刷有限公司印刷
规　　格	710mm × 1000mm　1/16
印　　张	16
字　　数	228 千字
版　　次	2016 年 12 月第 1 版
印　　次	2018年8月第4次印刷
印　　数	1-15000
书　　号	ISBN 978-7-5464-1766-0
定　　价	32.80 元

前 言

Preface

“优雅的女人不生气。”这是奥黛丽·赫本的人生哲言。一个女人的优雅与淡定是骨子里的东西，在时间的打磨之下会越发地美丽动人。或许老天不曾给我们一个倾城倾国的惊世容颜，可是这并不妨碍我们做一个优雅淡定、不生气的女人。

女士是很容易情绪化的，一些在旁人看来无足轻重的小事，到了她们面前可能就会变成天翻地覆的大事。可是她们却没有意识到，在发脾气的时候，往往会拉低自己的修养。不管一个女人的装扮多么华丽、多么奢侈，如果开口就是粗鲁的言辞，总在为一些小事而斤斤计较的话，那么也难以得到人们的喜爱。

德国古典哲学家康德曾说：“生气，是用别人的错误来惩罚自己。”生气是一场毫无意义的战争，最后输掉的都是我们自己。因为生气不仅无法解决问题，还会浪费我们的时间，扰乱我们的思绪，招致疾病，甚至带来无法挽回的损失。

优雅淡定的女人并非是没脾气，而是她们不管在什么时候都懂得控制自己的情绪。她们明白，人生匆匆，与其浪费时间与精力去生气，在坏情绪的沼泽里沉沦，不如让自己静下来去做一些有意义的事情。

女人不生气是一件很容易办到，也很难办到的事情。说它容易，是因为只要女人有自觉就能够办到；说它难，是因为它需要时间的沉淀与一份云淡风轻的心境。一个人如果心淡定了、平和了，就能从中滋养出优雅与从容。如果急了、躁了、乱了，那么就算外表再美，也是枉然。

优雅淡定的女人有着开阔的胸襟，并不会因为一些小事而耿耿于怀，大动肝火。她们明白，世上并不存在十全十美的事情，因此太过计较是毫无意义的，名利都是过眼云烟，如果被欲望缠住了心灵，那么就难以让自己去感受生活的美好。与其跟别人纠缠不休，不如学会放下，用一颗坦然而宽容的心去感受世上的一切。

优雅的女人内心是平和的，不会去跟人计较，她们只会去竭尽全力地珍惜自己手上的幸福。抱着一颗随缘的心，收获一世的安稳。

本书尝试从十个方面帮助女性脱离浮躁与焦虑，学会沉淀情绪，从容生活不生气。希望读者能够在读后有所领悟，给自己营造恬淡的微笑与愉快的心情，做个优雅淡定、不生气的女人。

由于笔者能力有限，难免有所疏漏，敬盼指正。

目 录

Contents

第一章
世间烦恼皆自找，自己释然晴空照

第二章
屏蔽坏情绪的桎梏，不负光阴不负卿

第五章
心中若无烦恼事，便是人生好时节

第六章
学会知足，以乐观心态善待自我

第七章
你对世界温柔以待，世界必以温柔待你

第八章
爱是岁月里最烈的酒，情是相知中最浓的香

第九章
跳出工作的偏执藩篱，挥动羽翼翱翔天际

第十章
蜕去一身浮华，体味生命的真欢

第一章

世间烦恼皆自找，自己释然晴空照

“世间本无事，庸人自扰之”，很多让我们痛苦的根源其实就是我们自己。跳出“庸人自扰”的自我纠结，幸福之路就会豁然开朗。

外貌只是封面，内容由你自己决定

人不一定要长得漂亮，但却一定要活得漂亮。

对于外貌这个话题，汪国真早就说过："美，首先征服人的感官，然后才是人心；优雅，首先征服人心，然后才是人的感官。征服了人的感官者，还不一定能够征服人心；征服了人心者，必定能够征服人的感官。"可是有些女人却没有意识到这一点，她们狭隘地认为外貌是决定一个人一生过得幸不幸福，能不能获得成功的关键，因此对外貌的要求总是很高，结果常常让自己因为外貌而陷入到糟糕的情绪之中。

虽然美丽的女人更容易得到人们的喜欢，但是也不意味着长相普通甚至有些丑陋的女人，就无法获得成功的青睐，无法获得想要的幸福。因为成功和幸福这些东西，向来并不是由外表这一个因素而决定的。相貌是上天给你的牌，只能说明你运气的好坏；而如何打好这副牌，如何经营好人生，则跟外貌无关。

她曾经是很多人口中的"丑女人"。虽然她有着讨喜的率真个性，以及让人惊为天籁的美妙歌喉，但是并没有人认为她会有个美好的未来。

没人会否定她的音乐天赋，没有人会挑剔她动人的歌声，但是大家更愿意当听众，却不愿意当她的观众。一切都因为她的个人形象不好，身材太胖，长相也不够甜美。人们难以接受天使般美妙的声音是从一个胖女人的身体里发出来的。

在偶像派当道的当时，几乎所有人都把目光瞄向那些拥有魔鬼身材和天使面容的歌星身上，而她就像是被人嫌弃的丑小鸭。没人愿意给这个喜欢唱歌的胖女孩一个上台的机会，虽然她唱得比有些歌星要好很多。

她也曾经为自己的身材苦恼不已，也曾尝试过减肥，可是减来减去都没有成功。后来，她想开了，认为胖不会一直成为影响自己的因素，只要自己歌唱得好，总有一天能够打破人们对她的偏见，接受自己。

于是，她决定将唱歌作为帮助自己成功的最佳武器，不管受怎样的冷落，她都依然坚持唱歌。事实证明，努力才能让别人看见你的光芒。19世纪90年代初，台湾艺人柯受良到大陆来表演“飞越长城与黄河”。她被邀请参加一次试飞期间的演出。

在她唱歌的时候，正准备进行试飞的柯受良突然停了下来，他问旁边的工作人员：“是谁在唱歌？”工作人员随后告诉他这是一个不知名的歌手。柯受良说：“她的歌声很有震撼力，给了我勇气与力量……”于是，她就得以成为柯受良正式表演时的一名参演歌手。

也正是由于参加了这次活动，让她有幸认识了一名央视的导演。在导演的引荐下，她认识了当时著名的主持人张越。张越在听了她的歌声之后，也为她的歌声所打动。随即邀请她参加当时的《半边天》节目的录制，那一期的话题是“不要为你的容貌发愁”。看到这个话题之后，她一度想要拒绝这期节目的录制，但是碍于情面，还是硬着头皮录完了这期节目。没想到，正是这期节目，让她开始被大众所熟知。

之后，她的人生之路发生了巨大的转变，1998年，她发行了第一张个人专辑《雪域光芒》。随即，她在歌坛的地位开始如日中天。

想必大家已经猜到这个人是谁了吧。没错，她就是韩红。

回顾自己成功之路的时候，韩红笑着调侃说：“当年《半边天》的那期节目的主题叫‘别为你的容貌发愁’。谁为容貌发愁啦？”

看，韩红是多么潇洒。

在当今社会，女孩子们还是习惯性地将漂亮的外表与好命划上等号，认为“颜值即正义”。因此女孩子们总是对自己的外貌不自信，经常沉浸在化妆、修图甚至整容上面。

诚然，漂亮的外表是一个加分项，可以在短时间内夺人眼球，因此才会要求人们要注意自己的言谈举止、礼仪和服装。但是过度拘泥于外貌，认为外貌可以决定一切就太过偏颇了。一个人的外貌只是她的包装，包装漂亮确实能吸引人，但是如果里面装的东西不尽如人意，人们照样会厌烦。试想一下，一个看起来很美味的苹果，里面却有条虫子，谁还愿意吃呢？即便吃了，估计也会马上吐出来。

如果把人生比作一本书的话，那么外貌就是这本书的封面。封面固然十分重要，但是读者更加看重的则是这本书的内容。因此如果你没有漂亮的封面，也大可不必为此自暴自弃，上帝对每个人都是公平的，你要懂得修炼自己的内核，把自己的“硬件”当作武器，击败对手。

陆琪曾经说过：“一个人的美丽，并不是容颜，而是所有经历过的往事，在心中留下伤痕又褪去，令人坚强而安谧。所以，优雅并不是训练出来的，而是一种阅历。淡然并不是伪装出来的，而是一种沉淀。从某种意义上来说，人永远都不会老，老去的只是容颜，时间会让一颗灵魂，变得越来越动人。”

只要你有足够的自信，何必要为容貌而发愁呢？一个人如果只看重你的外貌，一个公司如果只看重你的外貌，那么这个人不要也罢，这个公司不去也罢。

* * * * * * * * * * * * * * * * *

你若不伤，岁月无恙

时间可能是外貌的敌人，但却是优雅的朋友。

“年龄”一直是女人绕不开的话题，尤其是当女人踏入社会之后，年龄就成了女人最在意的敌人。在一些女人看来，年龄是她们无法贪恋的财富，拥有越多越让人烦恼。她们整天都在为自己身上胶原蛋白的流失担心不已，为眼角细纹不断增加而忧愁，她们恐惧着岁月的无情，害怕时间会把自己打造成自己所讨厌的样子。她们试图去抓住时间的尾巴，但是却忘记了没有人能够永远是妙龄少女。

其实，女人不用刻意去回避年龄这个问题，因为时间固然会从你身上带走很多东西，但也会带来很多东西，只是你尚未察觉罢了。聪慧的女子从来不会因为年龄而感到恐慌，也不会费尽心机、绞尽脑汁地妄图留住青春。因为她们明白，自己就像是一瓶红酒，在时光的酝酿下，会愈发香甜浓郁，让人回味无穷。20岁也好，30岁也罢，40岁也没问题，只要你愿意，你可以去做任何让自己感到快乐的事情，一直生机勃勃地美下去。这种美往往是一种由内而外的美，就像是秋日里的果实，散发着香气。

如果你仔细观察，你就会发现，那些被称为“女神”的人，不会因为年龄而让自己闷闷不乐，甚至变得脾气暴躁，相反她们一直在用心而精致地生活，一直从容优雅下去，像一条潺潺流淌的山溪，像一条寂静的青石小径，不争不吵，自成一道风景。

在美国新罕布什尔州的乡间，生活着一个叫作塔莎的老奶奶，她的生活可能在很多人看来都过于平淡无奇，但是却被拍成了纪录片，在世界范围内造成了极大的轰动。

1915年，塔莎出生于美国马萨诸塞州的波士顿，她的父亲在当时是一位远近闻名的飞机与游艇的设计师兼制造者，母亲是一位肖像画家。当时像爱默生、马克·吐温、爱因斯坦等这些当时的名人经常会到塔莎家里来做客。9岁的时候，由于父母分手，塔莎被寄养在他人家中，而她被寄养的地方有着美丽的田园，这为她提供了丰富的绘画素材，也影响了她的生活方式。

57岁的时候，当孩子们都独立之后，所有人都觉得塔莎应当像其他上了年纪的妇人一样度过余生的时候，她却独身一人来到了佛蒙特州，在一座山丘上建造了一栋18世纪风格的乡间别墅，开始了一个人的田园生活。

她常常会自己设计和缝制复古裙装，头上常常会整齐地束着各种不同花样的好看头巾。她的生活丰富多彩，每天除了画画，还会养花种菜，喂鸡喂羊，织布手工。她会亲手去制作那些常用的日用品，如蜡烛、香皂、灯油等。另外，她还对烹饪和享受美食有着浓厚的兴趣，让自己的生活充满了情调。她从来不会为自己的年龄而担忧，每天活得像个妙龄少女一般，对生活的一切都充满了好奇与期待。

即便到了90岁高龄，塔莎依然没有放弃她这样的生活。2008年6月18日，塔莎·杜朵在自己的庄园里，在儿女和朋友的陪伴下，戴着老花镜，穿着自己织的裙装，安详离去。

人的优雅，是岁月留在人们骨子里的东西。塔莎·杜朵式的优雅，在岁月的关怀下，成了一座恬淡的花园，让人向往。人生来为何，老而如何所终，是时间带给人们的思索。当人们感到迷茫的时候，塔莎老奶奶用自己的坚持，完美地交出了自己的答卷，给人们以启发。

英国作家萧伯纳曾说过："只有年少时拥有年轻是件可惜的事。"塔莎老奶奶深以为是，并曾补充说："于我而言，随着年岁增长，日子过得更充实，且更懂得享受生活乐趣。"

与那些已经过世的人相比，"活着"就是赚到了。因此要努力地去活出自我，不要整天为了年龄而小心翼翼、愁眉不展。青春终究会离我们而去，我们要做的是在趁自己还年轻的时候拼命地活出自己，去享受这段韶光，而不是郁郁寡欢、斤斤计较，不然你的青春记忆，就只能是一些灰色的片段。当青春离去的时候，我们要保持乐观，因为年轻从来不只是面容，还有心灵，只要心灵是年轻的，那么就可以永远绽放下去。

在活着的时候，努力地去享受生命中的一分一秒，去体会其中的快乐，让自己活得用心而精致，让自己制造的回忆足够让我们想起时能嘴角上扬。

塔莎·杜朵说过："年龄不是负担，只要懂得创造生活乐趣，老，将不再是件让人畏惧的事，相反，你有更充足的时间可以安排在更多美好的事物上。"

其实，不只是塔莎奶奶如此，大凡世界上活得明白的女人，都是这么认为的。曾经有人询问林志玲，会不会因为年龄的增长而恐慌。她回答说："完全不会。一定有人不相信，可是年龄真是你不能改，也不可能回头的。保持心境青春并不能阻挡年龄增加，这对每个人都是公平的。我觉得现在的我比过去的我，更完整，更快乐。"

女人的魅力并不在于年龄的大小，而是一种综合指数，是从女人身体内部与心灵深处自动涌现的一种气韵。漾一池莲的心事，于素年锦时落定，心无尘，淡若水，漫听岁月的禅音，拥有这种魅力的女人，即便老了，过世了，留给人们的依然是抹不掉的美丽。

* * * * * * * * * * * * * * * * *

自卑是座牢，囚着自己的光亮

心存自卑，就会看云云幻，看雨雨寒，看天天暗，看花花残。

每个女人的心都是一座小小的城，在这座城里总有一个叫作自卑的小角落，里面装着对自己的不满。

心理学中认为，自卑属于一种性格缺陷，主要表现为对自己的评价过低，总是妄自菲薄。而一旦自卑的情绪占据心头，有些人就会陷入到自我否定之中，对什么都提不起兴趣，开始自暴自弃，烦恼、忧郁、焦虑等负面情绪也随之而来，倘若此时再有一些负面刺激，她们心中的那片原本平静无波的海面，就会泛起涟漪，甚至会掀起巨大的风浪，从而陷入到消极的状态中，绝望地看待生活。

其实，人和人都一样，每个人都是独一无二的风景，是不可或缺的空气，是驱赶寒冷的阳光，是别人都无法书写的传奇……因此根本不必自卑，更不必因为自卑而放弃追求成功的勇气。

造成每个女人自卑的原因都是不同的，有些是因为童年父母过于严厉，有些是因为低微的出身，有些是因为自己嫁的不如其他人好，有些可能是因为容貌体型……不管是什么原因，一旦陷入到自卑之中，就可能让她们原本可以精彩纷呈的世界，变得黯淡无光。

主持人朱丹就曾经因为自卑情绪丧失了绝佳的发展机会。

提到朱丹，人们首先想到的就是那个有着古铜色肌肤、伶牙俐齿又才华横溢的姑娘。她曾经是“华少”身边的最佳搭档，是浙江卫视最著名的当家主持之一。当年朱丹曾经一度风光无限，她所主持的节目备受好评，人们一度认为她将成为浙江卫视的一个跟其他卫视较量的撒手锏，但是在事业高峰期她突然辞去了浙江卫视的主持人工作，让很多人大跌眼镜，十分不解。对于朱丹的离开，外界众说纷纭，有人说是湖南卫视出了高价挖墙脚，有的说朱丹跟浙江卫视的一些艺人不和……后来，诸多说法因为没有确凿的依据，也就不了了之了。

直到2015年12月，在北大的一次演讲中，朱丹才首度透露了自己当年辞职的原因。对于那次辞职，朱丹解释说，自己来自农村，一直非常自卑，曾一度陷入到了抑郁的状态。虽然朱丹在进入电视台之后，凭借着自己的努力，得到了观众的肯定，认为她是一个很好的主持人，但是她骨子里的自卑却一直没有消除。她一直担心观众会不喜欢自己，又觉得自己来自农村，说话有口音，一直无法摆脱自己是灰姑娘的想法。她的自卑情绪并没有因为观众的肯定而有所缓解，甚至越来越严重，在一次录制《中国梦想秀》的时候，甚至因为过于担心连台词都背不下来，只能不停给观众鞠躬道歉。回家之后，她越来越痛苦，经常失眠。当时自己常常处于情绪低谷，对自己失去信心，对舞台很恐惧，最怕被人叫“一姐”，她曾在上台前发狂一样抓自己头发。当初之所以做出辞职的决定，正是因为医生说她患有抑郁症，让她要正视自己的脆弱，而她自己也不想伪装下去了。

真相大白之后，人们唏嘘不已。不得不说离开浙江卫视之后的朱丹，人气大幅下滑，很难再回到以前的高度了。

自卑情绪就这样影响了朱丹原本可以更加辉煌的大好前程。

说到底，自卑就是一种自我折磨，盗走原本属于你的自信，催老你的身心。一个总是陷入到自卑中的女子，习惯性地贬低自己，习惯性地选择将就，满足于凑合，而失去可能成为更好的机会。就算有更好的机会摆在她面前，她也没有信心去抓住，甚至会心生胆怯，只能眼睁睁地看着机会从自己身边溜走。

其实每个人都有其他人所不具备的闪光点，只要善于利用这些闪光点，就能够成就自己。过度自卑让女人们常常低估自己的能力，发现不了自己的优点，因为她们眼中盯着的永远是自身的劣势。

为自己的劣势而焦虑，甚至生气是十分不值得的，因为劣势往往是可以改变的，而这个决定权往往掌握在自己手中。

提到倪萍，她可能是一代人的集体回忆。如今依然活跃在主持界的这位优秀主持人，曾在节目中讲述一段自己刚进入中央电视台时的尴尬经历，每每提到那段岁月，她就感触颇深。

倪萍说自己在第一次走进央视《综艺大观》这个节目组，是为了接替杨澜当主持人。由于杨澜主持期间表现得十分优秀，因此她感觉自己压力很大。

第一次跟节目的工作人员见面的时候，由于没有工作证，她在央视的东门站了两个多小时。而当她终于走进节目组的办公室时，迎接她的不是同事们的热情问候，而是11位央视文艺中心导演冷漠的眼神。

没人主动上前跟她说话，也没人理会她，即使在中心的主任向大家介绍倪萍的时候，大家也都只顾着忙自己的事情，只有两个人稍微抬头看了看她，随即又低下去了。本来就对自己的主持能力有所怀疑的倪萍，自卑感更加强烈了。

当时的倪萍对自己的外貌形象其实很自卑，有一次录制节目的时候，扎头发的皮筋突然断了，她也没时间重新整理发型，情急之下就简单梳了个马尾，活像个农村大嫂。这让倪萍恨不得钻到地缝里去，急得眼泪都要掉下来了，但是因为作为主持人的责任感，她还是逼着自己录完了那期节目。

从那以后，倪萍认为自己不能再自卑下去了，她努力克服着自卑的情绪，努力从生活的细节建立自己的自信心。比如，大声跟其他工作人员打招呼，在开会时勇于提出自己的意见等。随着时间的推移，她变得越来越自信，也越来越靓丽，成为人尽皆知的著名主持人。

这就是自卑与自信产生的不同效果，自卑就像是阴雨的天气，让人提不起精神，而自信则像是初生的太阳，总能带给人们希望。

优雅淡定的女子，不会在自卑中跟自己生气，她们会骄傲地挺起自己的胸膛，相信自己即便没有水晶鞋，也有一个灿烂的明天。而那些沉浸在自卑里的女子，就算水晶鞋放在她们面前，恐怕都不敢穿着鞋去赴王子的宴会。正所谓天助自助者，能够将你从自卑情绪中捞出来的，只有你自己。优雅淡定的女子相信，成功的灰姑娘就算是穿着草鞋，也不会妨碍她们展现自己的魅力。

* * * * * * * * * * * * * * * * *

别人的镜子里永远映不出真实的你

狮子才不会在意绵羊的看法。

莎士比亚先生有言："人们可以支配自己的命运，若我们受制于人，那错不在命运，而在我们自己。"每个人来到世上的时候都是与众不同的原创作品，也正是因为这份与众不同，让你才是你，我才是我，这个世界才会五彩纷呈，但是有些人却渐渐成为了别人的复制品，或者成了被别人牵着走的木偶。至于原因，则是因为他们太过在意他人的评价，从而忘记了自己内心的想法。

在现实生活中，有太多的女人会因为他人的言论而陷入到苦恼之中。在这时候，女人要明白，每个人都有每个人的生活方式，有一条专属于自己的通往未来的路，只要在法律和道德的允许之下，不管走哪条路，都不能算错。我们不必因为别人的建议而放弃自己的坚持，也不必因为别人的不理解而唏嘘感叹，不用为了迎合对方的喜好而改变自己，更不必因为跟众人不一样，而怀疑自己，甚至跟自己生闷气。

如果我们太过在意他人的想法，就会陷入到别人的闲言碎语之中，迷失自己。久而久之，别人的一句话、一个眼神、一个动作，都可能打乱我们的节奏，让我们的生命乐章杂乱不已。

有这样一个故事，一个女孩突发奇想，想要画一幅人见

人爱的画。画完之后，她拿着自己的画到市场上去展出。仿效着战国末期秦相吕不韦修撰《吕氏春秋》时“一字千金”的做法，她在旁边放了一支笔，并写了附言说：如观赏者觉得哪里需要改动，请用笔在那里画上记号。结果到了最后，女孩发现，整幅画都被标满了记号，几乎没有地方是空白的。她看到之后，心情十分低落，消沉了好久。难道自己的实力就这么差吗？不过后来，她改变了一下策略，成功逆转了情况。

她又画了一幅一样的画，这一次，依然将画拿到市场上去展出，唯一不同的就是，这次她的附言变成了：如观赏者觉得哪里画得精彩，请用笔在那里画上记号。结果，整幅画也被标满了记号，之前被否定过的地方，现在也被画上了记号。

最后女孩明白了，不要太在意别人的想法，因为别人的想法永远是别人的想法，赞美和批评没有一个统一的标准，谁也不可能做到让所有人都满意，最重要的是要能够坚持自己的主见。

在现实生活中，有太多女人习惯于生活在别人的阳光之中，生活在别人的价值观里，常常会将别人的意见放在首位（特别是在审美与价值方面），总担心自己犯错误或者被别人看不起。一旦对方说了什么让她们在意的评价，她们就会念念不忘，处于一种负面情绪之中。可是她们从不曾聆听自己心底的声音，不曾去坚持自己的想法。

其实，人有两套评价系统，一套是自我评价系统，另一套是他人评价系统。未成年的时候，我们会更自然地趋向于依赖他人的评价；而心智成熟之后，则更相信自我评价。最终的理想状态是能实现这两种评价的统一。

当人们太过在意别人想法和评价的时候，自我评价系统就会减弱，而过分去依赖他人的评价，则容易让自己陷入到烦恼之中。

想要改变这种情况，首先要学会接纳自己，承认并允许自己有缺点与不足，并善待自己。只有接纳了自己，才能整合自己的内心，淡化或消除内心的矛盾纠结痛苦，最大限度减少内耗，让内心趋于平静。另外，要让自己在思想上、心理上、情感上尽快成熟独立起来，学会独立思考，敢于承担，分清自己是自己，他人是他人。有些评价自己无法阻止，那就让别人去说吧，别总放在心上，仿佛是惩罚自己的刑具。

作为一个普通人，我们的精力与能力都是有限的，我们的想法与做法很难得到所有人的认可，但是不要紧，我们来到这个世界上，并非是为了去听别人的评价而活的。你要记住，自己不同于其他人的那一点，正是你区别于他人的特点。如果有一天，你不再敏感于他人的想法和评价，也就是虽然能够敏锐地察觉他人的想法与评价，但是不会太过情绪化的时候，说明你的内心足够强大了。这时候，自信、乐观、力量将会与你同行。

* * * * * * * * * * * * * * * * *

心若阴天，全世界都在下雨

悲观的人虽生犹死，乐观的人永生不老。

顾城在《避免》一诗中写道：“你不愿意种花，你说，我不愿看见它一点点凋落。是的，为了避免结束，你避免了一切开始。”在现实生活中，有多少人曾经怀着这样的观点，做过这样的事情。悲观的人总是忧心忡忡，总是害怕一切，结果在拒绝困难的同时，也拒绝了获得幸福的可能。在生活中，每个人都有悲观的时候，但是让悲观影响自己一辈子，将难以感知幸福。有人说过，快乐没有父亲，没有前一个传给后一个的传统，但是悲观却有继嗣，能够从眼传眼，从心传心。

每个人都会或多或少地经历一些小失意，有些人遇到这些失意，郁闷一阵子，然后就跨过去了；有些人遇到这些失意，则会不断将这些失意夸大化，让失意不断回放，使自己的生活一直处于雨季，难见晴天。

一个人如果长期沉浸在一种沮丧的情绪之中，往往会开始对周围人冷漠，做什么事情都没有干劲，觉得全世界都对不起自己。

每个女人其实都会遇到让人心情低落的时刻，但是我们也需要及时将自己从这种情绪中捞出来，要明白悲观并不会让不幸变成幸福，只有积极地去面对才能改变现状。

我国著名女作家张爱玲的悲剧的一生，正是由于她一直被悲观所笼罩的结果。张爱玲就是一个矛盾的集合体，她是一个活在艺术里的享乐主义者，因此对现实的生活习惯性地进行艺术化加工，且对生活一直保持着一种悲观。

众所周知，张爱玲出身名门，是名副其实的贵族小姐，但是她却总宣称自己是一个自食其力的小市民；她生性敏感且悲观，时常会洞悉芸芸众生“可笑”背后的“可怜”，但在实际生活中却显得冷漠寡情；她了解人情世故，但是无论是待人处世，还是穿着打扮都习惯性地我行我素，仿佛要将世界与自己隔绝。

她在文章中跟读者亲切交谈，但是在实际生活中却总是拒人于千里之外，深怕别人窥探她的内心；她在40年代的上海人尽皆知，却在几十年后的美国，深居简出，过着与世隔绝的生活。因此才会有人说：“只有张爱玲才可以同时承受灿烂夺目的喧闹与极度的孤寂。”

这样态度分明的生活方式确实并非是一般人可以承受和理解的，如果从现代心理学的理论来看，张爱玲的这种生活态度主要是由于她个人一直对生活抱着悲观的心态，这样的心态让她无法真正融入到生活中去，因此她才会在两种生活模式中徘徊不已。

不可否认作为作家的张爱玲很成功，但是她再成功也难以掩饰心底的那份抹不去的悲观。那种渗透着个人身世之感的悲剧意识，让她跟时代生活的悲剧氛围相通，从而在更广阔的历史背景上臻于深广。

张爱玲所拥有的深刻的悲剧意识，让她在喧嚣的世俗中沉沦，陷入到极度的寂寞中无法自拔，最后孤独终老。

张爱玲的悲剧人生，让我们意识到了悲观的巨大魔力，它能迅速浸透到人们生活的方方面面，让人们一直背对阳光，身处黑暗之中。被悲观所笼罩的女子，就像是将自己囚禁在一个昏暗无光的房间里的孩子，她们不敢离开这个房子，因为惧怕外面会有凶狠的猛兽。即便有人为她们敞开了这扇门，告诉她们外面阳光灿烂、风光正好，她们也可能会怀疑那个敞开门的人不怀好意。

其实转换这种悲观情绪并不困难。悲观并非天生如此，而是后天养成的，因此只要找对方法，就能够克服自己悲观的情绪。

想要克服悲观情绪，我们需要明白以下几点：

1. 越担心就越害怕。不管什么事情，担心是起不到作用的，当问题发生的时候，要保持积极乐观的态度，这样才能引导你找出方法，走向成功。有时候恐惧与担心都是人们臆想出来的，或者自己去放大的，在处于悲观情绪中时，不妨从反方面去思考一下，可能就不会那么担心了。

2. 即便处境艰难，也有希望。不管是怎样的困境，总有渡过的一天，因此不要放弃任何取得微小胜利的机会。乐观会使克服困难的勇气倍增。

3. 失败也是一种奖赏。失败往往是一种新的开始，失败教给我们的东西，要比成功教给我们的多得多。

4. 多与积极乐观的人交往。人的思想和态度往往是具有传染性的，因此当你靠近积极乐观的人时，往往就会被积极乐观的人所影响，乐观的火苗也就慢慢驻扎在你的心里了。

* * * * * * * * * * * * * * * * *

接受不完美，所有遗憾都是成全

当你阻挡一切不完美入侵的时候，也将很多幸福拦于门外。

著名导演冯小刚在其大女儿18岁的成人礼上曾经说过这样一段话："亲爱的女儿，现在你要开始接触到真正的人生了，生活有时候并不像你想象的那么公平，世界上没有完美的事物，要学着面对一切真实，接受一些不完美。"确实，世上并不存在完美，所有的完美不过是一种较为理想的情况罢了。

可是，在现实生活中，总有一些女性在苛求完美，她们不仅苛求自己，有时甚至会不自觉地苛求他人。有时候明知道一些事情是难以尽善尽美的，但还是纠结个没完没了。对于过于追求完美的女性而言，她们不允许弱项和缺憾的存在，因此很容易走上极端，让自己情绪烦躁、沮丧，甚至容易引发饮食紊乱等问题。

这些人往往会带有一些强迫症状，譬如，她们无法忍受脏乱的桌面，无法忍受将工作留到明天，无法忍受自己或者他人犯错。这些症状中，有些是让人欣赏的品质，但是一旦苛求过头，就会让自己和周围的人疲惫不堪。她们在很多时候会滋生一种想法，觉得只要自己变得完美，便可刀枪不入，抵御世间所有的侵袭，却没想到这也会把幸福隔离在外。

过于追求完美的女人表面上看起来自信满满，但是内心深处却十分自卑。她们总是将关注点集中在缺点上，却对优点视而不见，因此很少去肯定自己。因为常常难以知足，所以往往处在不快乐的状态下，甚至会将自己的情绪传染给他人，让周围人也变得不快乐起来。

克伦·凯作为加拿大芭蕾舞演员曾享誉国际芭蕾舞界，但是不管获得了多么让人羡慕的成就，获得了观众多大的赞誉，都无法让她开心起来。在她的自传中，人们找到了一些令她郁郁寡欢的原因。在她的职业生涯中，一共进行了超过1万场次的表演，但是她却表示自己只对其中的约12场表演还算满意。她总是对自己的能力感到失望，并没有享受舞蹈带给她的快乐。因此她总是闷闷不乐。

追求完美的女人常常会用一个特别高的标准来要求自己，为了完美而努力，但也往往会引发一些负面的情绪。心理学家保罗·休伊特说："这些人往往忽略了完美主义者脆弱的一面，譬如沮丧、厌食和自杀。"

一味地去追求完美，容易让自己陷入到一种自我否定，或者对他人的否定之中，无法自拔，更会引起情绪的激烈波动，而给自己带来意想不到的后果。其实，人生没有完美，完美只是一种理想而已。就连美的化身——维纳斯女神，也是有断臂的缺陷的。但正是因为有了缺陷，维纳斯才显得更加典雅动人，有一种生机勃勃的美，让人心驰神往。

有这样一个故事：一位妇人买了一条自己特别中意的丝质围巾，在她看来，这条围巾太棒了，一定要选择一个重要的场合展示自己佩戴这条美丽丝巾的风采。这位妇人寻找了一个又一个时机，但是却总觉得不那么完美。一直到她过世，她都没有找到佩戴这条围巾的场合。

人生存有遗憾才是真实的。如果活得毫无瑕疵，又如何去感受生活带给我们的快乐呢？不去苛求完美，但是要追求完美，完美是一种目标，是一种动力。在以完美为目标的前提下，去接受那些生活赋予我们的不完美。接受"不完美"就像是接受高低、强弱不同的各种音符。因为有了这种不同，才有了悦耳动听的音乐；接受"不完美"还如同接受各种不同的色彩。因为有了这种不同，才有了色彩斑斓的画卷。

女人们要记住，你来到这个世上，并非是为了跟那些错误与缺陷较劲的，有了一些小瑕疵并不代表你就不是一个成功的人。

生命就像是一场比赛，就算是世界上最好的队伍，也有失分的时候，最差的队伍也有发挥出色的时候。我们的目标是尽可能地让自己少丢分，而不是不丢分。

世上本来没有完美，我们也不能因苛求完美，而辜负了生命本身的美好。接受缺憾从某种意义上来讲，是丰富与充实的起点，它开启了我们另外一种不同的人生。所以，何必要为不完美而浪费我们的时间与生命呢？

* * * * * * * * * * * * * * * * *

心理测试

你是一个庸人自扰型的人吗？

你是一个庸人自扰，总是会跟自己过不去的人吗？做一下下面的测试题吧！

1.你喜欢自己的外貌吗？

Yes——2　　　　No——5

2.你每天都会浏览书籍或者查看新闻吗？

Yes——6　　　　No——3

3.你每天会换一身衣服穿吗？

Yes——11　　　　No——7

4.如果身体有一点儿不舒服，你会十分在意吗？

Yes——8　　　　No——9

5.你经常迟到吗？

Yes——6　　　　No——4

6.遇到重要事情的前一天，你会失眠吗？

Yes——4　　　　No——9

7.在被人侮辱之后，你往往会气得吃不下饭吗？

Yes——10　　　　No——11

8.喝牛奶之前，会先查看一下日期吗？

Yes——12　　　　No——13

9.如果衣服上出现褶皱，会让你十分在意吗？

Yes——8　　　　No——10

10.你有做笔记或记事的习惯吗？

Yes——14　　　　No——13

11.坐车时，你会去瞄旁边座位上的人看的手机或者书籍吗？

Yes——15　　　　No——10

12.你每个月都会存钱吗？

Yes——A型　　　　No——B型

13.你认为未来会变得更不景气吗？

Yes——12　　　　No——C型

14.你的手表有秒针吗？

Yes——C型　　　　No——D型

15.你经常会忍不住打断别人的话吗？

Yes——D型　　　　No——14

答案分析：

A型：庸人自扰型

你的人生往往缺少色彩，不管遇到什么情况，总是会忍不住往坏处想，因此往往很难享受到快乐，比如要筹办一个活动，在事前你就总会提心吊胆地担心会出现差错，就算是顺利举办后，你也依然无法感受到快乐。你是一位完美主义者，因此总是会为了不完美而闷闷不乐！如果你总是消极思考的话，只会让自己变得越来越负面，最后好事也可能会变成坏事哟！

B型：情绪化的类型

你是个很情绪化的人，心情好的时候，说什么都可以，心情不好的时候，连理都懒得理，因此可以说你是没有什么准则的人，一切都靠你的心情来决定。因此在跟你共事的时候，人们往往都会捏着一把冷汗。所以大家往往会看你的心情而行动。这并非是成熟的做法，多控制一下自己的情绪。

C型：乐观进取型

你可以算是一个正面思考的人呢，遇到事情之后，不会马上就朝着坏的方面思考，往往会让自己冷静下来去分析一下当前的状况，尽量让自己放松下来，愉快地去面对问题。比如，上司给你增加工作量，这样虽然让你很不爽，但是你也会正面思考，觉得是上司对你的信任才会放心让你来做。如此正面思考的你，不仅能够以更快的速度成长，还能过得比别人快乐，你的人生必然是充满了阳光的。

D型：无忧无虑型

与其说你是个正面思考的人，倒不如说你是大大咧咧的乐天主义者。你考虑事情往往不是很全面，会忽略到一些信息，因此心情也不容易被事情而影响。这样其实有好有坏，好的方面是活得比较自在，坏的方面是不会察言观色，很容易得罪人。因此常常会有同事在后面帮你擦屁股，当然偶尔也会误打误撞让你一炮而红，但这样的机会并不多。

第二章

屏蔽坏情绪的桎梏，不负光阴不负卿

人心就像是一件容器，装的负面情绪多了，正面情绪就进不来了。所以我们要懂得及时排解自己的不良情绪。

与愤怒“缠绵不休”，伤人又伤己

“愤怒”一旦与“愚蠢”携手并进，“后悔”就会接踵而来。

时常有人把女人比作猫，猫天性警觉，有着极其敏锐的嗅觉与听觉，一旦感觉到危险就容易奓毛，女人也一样。随着生活节奏的加快，以及来自各方面的压力增大，很多看上去温婉如水的女性变得十分敏感，有时一点儿小事就可能让她们狂躁不已，甚至破口大骂。因此我们经常可以看到在拥挤的公交车或者地铁上，有的女性因为一些无意的小碰撞而争吵不止，双方闹得脸红脖子粗；邻居为了一些小事，而相互辱骂，没完没了……这些毫无必要的争吵，毫无意义的动怒，让温柔、优雅等应当加诸在女人身上的美好词汇，瞬间转化为负面评价。

对于女人而言，怒气是一种慢性毒药，它不仅破坏了女人温婉的外在形象与魅力，更从内侵蚀了女人的美丽与健康。

聪明的女人明白，生气不过是在拿别人的错误来惩罚自己。汪国真曾经说过：“愤怒中容易失去理智，虽然失去理智的宣泄很痛快，但是也易留下隐患。”如果你觉得是别人的错，因此而大发脾气，那么不如想一想，大发脾气其实是每个人都能做到的事情，但是不是每个人都能够在受了委屈之后泰然处之。有时候，修养就体现在这里，境界也体现在这里。

有一位妇人，一遇到不顺心的事情就怒火中烧，像个不定时炸弹一样。因此周围的人都不愿意跟她交往，她也变得越来越消沉。

终于有一天，她实在忍受不了了，于是就在跟一位好友聊天的时候，道出了心中的苦闷。朋友听完她的讲述后，跟她说："我听说南山庙里有一位得道高僧，或许他能够为你开解开解。"

于是，这位妇人就去找那位高僧，询问说："大师，我为何总是生气呢？您能告诉我为什么吗？"高僧笑着回答说："施主，请随我来！"说着，就将妇人带到了一个小柴房的门口说道："施主，请进去！"妇人不知高僧在搞什么鬼，于是就走了进去。就在妇人走进去之后，高僧快速关上了柴房的门，并迅速上了锁，转身走了。妇人被高僧突如其来的转变激怒了，随即骂道："你个秃驴，将我关在这里干什么啊？快点放我出去……"

可是不管妇人怎么闹，高僧都不曾理会。过了许久，妇人骂也骂过了，就开始哀求起来，高僧依然置若罔闻，见高僧不为所动，妇人也闭上了嘴，不再说话了。

不久，高僧来到门外，问妇人："你现在还在生气吗？"

妇人回答说："我现在只生自己的气，我为什么要那么听话跟你到这种鬼地方来呢？"

高僧听了妇人的回答，意味深长地说了一句："连自己都无法原谅的人，又如何去原谅他人呢？"说完，就离开了。

又过了一段时间，高僧再次来到门外，问她："现在，还生气吗？"

妇人回答说："现在已经不生气了。"

"为什么呢？"

"生气也解决不了问题，你又不会放我出去。"

"其实，你现在的气还没有消，只是压在心里，一旦我开了门，你一定会马上爆发。"高僧说完，就再度离开了。

当高僧第三次来到门前的时候，妇人马上凑上前说："高僧，我现在真的不生气了，因为不值得生气。"

"看来你心中已经有了衡量，但还是有气的。"高僧笑着说道。

夫人随即问道："大师，那到底什么是气呢？"

高僧说："所谓的气，就是别人吐出了，但是你却接在嘴里的东西，你吞下便会觉得反胃；当你不将其放在心上的时候，它就会自动消除。"

听了大师的话，夫人总算明白过来。在生活中，自己常常会因为一些无关紧要的小事而生气。这些都不过是在折磨自己。

其实，正像是案例中所传达的，为一些无关紧要的小事去生气不过是在折磨自己。女性心思细腻，更容易把事情放在心上。其实，这样下去，只会危害到自身的健康。优雅淡定的女性懂得化解矛盾和冲突，控制自身的情绪，防止让自己做出什么出格的事情或者说出什么偏激的话来。

世上有这么多让人歌颂的事物，那么多可以让人享受的快乐，为什么要浪费时间去生气呢？

当女性感到愤怒的时候，不妨让自己先冷静一下，走进一个不会再次激怒自己的场所。也可以选择在一个安静的地方待一会儿，周围静下来之后，自己的心情自然也容易平静下来，但是注意不要反复思索那件引起你愤怒的事情，这样无法达到平息愤怒的效果。女人要明白，自己的最终目的是解决问题，而并非是发泄或者出气。

很多事情，其实烦恼不过是人们在庸人自扰罢了，有些事情换个角度，结果就会不一样。有时候歇斯底里的怒吼，往往比不上理智思考之后的一句软言软语，那么我们又何苦如此消耗自己的体力呢？

* * * * * * * * * * * * * * * * *

小事挂心头，笑容就会避而不见

永远不要停止微笑，即便心情不佳的时候也要记住微笑，因为你不知道有谁会爱上你的笑容。

英国著名作家迪斯雷利曾说：“为小事而生气的人的生命是

短促的。”一个聪明的女人懂得控制住自己的情绪，理智控制自己的愤怒，从来不会为了小事而浪费自己宝贵的生命。

美国医学专家米勒，曾经对一百多名患过心肌梗死病史的人与一百多名健康人提出过一些类似的问题：“有人不小心将咖啡溅到了你的身上，或者在地铁上有人不小心踩了你一脚，或者你最在意的一件上衣突然被人弄坏了。对于上述情况，你会怎么办？”那些曾经患过心肌梗死的人在听到这个问题的时候，大多都表现出了不悦、沮丧，甚至有人表现出了极其愤怒的情绪。而那些健康人，往往认为这些不过是无关紧要的小事罢了，不用放在心上。

由此可以看出，不为小事而抓狂，有利于人们的健康。聪明的女人，不会去为了一些生活琐事而计较，去生不该生的气。为一些小事而生气不仅不利于自己的身体健康，还可能会影响到自己正常的生活和工作，同时还可能对他人造成伤害。

姜悦是一家公司的中层领导，每天要处理一大堆的事情，经常会把自己搞得焦头烂额。她觉得自己有些不堪重负，曾经一度想要辞职。后来老公察觉到了她的心情，问她为什么而烦恼。

她说：“员工迟到自己会生气；看到员工闲聊也会气不打一处来；文件出现差错会恼火；下班之后，如果哪个员工忘记关灯或者忘记关空调，也会觉得很生气……”其实这些琐事并不用她管，但是她就是看不顺眼。

姜悦的老公在听完她的讲述之后，笑着跟她说：“方法其实很简单，你只需要负责做好自己的本职工作就行了，以后再看到那些鸡毛蒜皮的小事，你就不要去管。”

姜悦半信半疑地按照老公的话去做了。一段时间之后，她无意之间听到了两位同事在聊天，其中一个同事惊讶地对另一个同事说：“今天，我看到姜总对我笑了。其实姜总人也蛮好的，要是能一直这样下去就好了。”姜悦在听到这些话之后，也慢慢感受到自己的改变，渐渐从恼人的小事中解脱出来。本职工作越做越出色，人际关系也越来越好，关键是心情变得越来越好。

对于女人来说，最好的生活状态就是不要为无关紧要的小事而花费太多的精力。如果一直在一些小事上纠缠下去，那么就会影响我们的大事。

法国作家莫鲁瓦曾说：“我们常常为一些不令人注意、因而也是应当迅速忘掉的微不足道的小事所干扰而失去理智。我们生活在这个世界上只有几十个年头，然而我们却为纠缠无聊琐事而白白浪费了许多宝贵的时光。试问时过境迁，有谁还会对这些琐事感兴趣呢？不，我们不能这样生活。我们应当把我们的生命贡献给有价值的事业和崇高的感情。”

著名作家肖剑也说过：“很多时候，让我们疲惫的并非是脚下的高山与漫长的旅途，而是自己鞋里的一粒微小的砂砾。”生活中，很多小事就像是小砂砾一样消耗着我们的精力，消磨着我们的意志，破坏着我们的心情。

唐敏在一次打扫房间的时候，不小心碰洒了自己的一瓶指甲油，结果指甲油沾在了她最喜欢的白裤子上。唐敏很不高兴，想方设法想要去掉这些指甲油，但是不管怎么洗，都无法洗干净。

接下来的几天，她只要看到那条裤子，心里就别扭，总是抱怨自己当初怎么就那么不小心。这件事困扰了唐敏好几天，几乎一想起来，她就会责备自己一遍。后来，一个朋友告诉了她清除衣服上的指甲油的方法。回到家之后，她马上依照着朋友的做法去做了，没想到那些指甲油一下子就清除了。

在清除指甲油的过程中，唐敏也开始反省自己这几天的情绪，发现自己这几天实在是荒唐，这件小事根本没有自己想象中的那么严重，却让自己伤神又生气。自己实在是有些小题大做了。

生活中难免会出现一些小失误，而这些小失误必然会给我们带来一些麻烦，但是女人不能总揪着这些小事不放。因为生活本就是由无数个小事而构成的，如果过于纠结、计较这些小事，那么人生也就没有什么意义与乐趣可言了，整天都只能活在被烦恼、痛苦、矛盾与冲突这些负面情绪的包围之中。

任何时候，女人都不应当因为一些小事而给自己的生活打上死结。人的精力是有限的，所以当你过于在意一些微不足道的小事，难免会耽误一些大事，这也就意味着将会失去更多。因此一些小事，当放下就放下。

* * * * * * * * * * * * * * * * *

别因为会摔倒，就忘记奔跑

吸气是最浪费时间的事情，哭泣是最浪费力气的行径。

屠格涅夫曾说："凡事只要看得淡些，就没有什么可忧虑的了；只要不因愤怒而夸大事态，就没有什么事情值得生气的了。"于大多数女性而言，忧虑是一个不易察觉的劲敌。当我们专心做事的时候，通常精神上不会出现太大问题，但是一旦闲下来，有了自由支配的时间，忧虑就会在不知不觉中对我们发起进攻。

女人就容易在无聊的时候胡思乱想，比如，我的生活会不会太过枯燥了，领导今天说的那句话是不是别有深意呢，我最近是不是又老了……这些忧虑有时候根本就是毫无根据的揣测，很容易把她们带入到一种疑神疑鬼的忧虑之中。

美国心理学家罗伯特·利西曾经在其著作《治疗忧虑》中，详细地介绍了女性过度忧虑的现象。

在一项统计中发现，在长期受过度忧虑煎熬的人群中，女性占了大多数。罗伯特分析认为，过度忧虑者往往是由于太过在意他人的想法和态度，对未知的事物极度恐慌，经常会把事情往坏的方面去设想。一旦女人过于忧虑，那么极有可能会导致女人的性格越来越多疑、偏执。

哥伦比亚师范学院教育学教授詹姆斯·默尔认为："忧虑对你危害性最大的时候，不是在你有所行动的时候，而是在你一天紧张而忙碌的工作结束之后。这时你的思维开始混乱，让各种奇怪的想法从你脑海中经过，使你把每一个细小的错误都加以放大变形。这个时候，你的思想就像是一辆没有装货的空车，到处横冲直撞，直到把自己也撞成碎片。消除忧虑的最好办法，就是让自己专注于一些有意义的事情。"

第二次世界大战的时候，一位芝加哥的家庭主妇，就已经明白了消除忧愁的方法，那就是让自己忙碌起来，去做一些有意义的事情。

这位太太的儿子，在珍珠港事件之后去参了军。自从儿子参军之后，太太每天都在担忧儿子的安全，整日里忧心忡忡，几乎到了崩溃的地步。儿子现在在哪儿？会不会有危险？万一受伤了怎么办？会不会已经牺牲了呢？她整天都在忐忑不安中度过。

渐渐地，这位太太健康开始出现问题，精神也变得萎靡不振，打不起精神，而且特别容易暴躁，经常无缘无故跟人发生争吵。后来，她觉得自己再如此不安下去也不会有什么好处，为了避免自己再胡思乱想下去，她开始尝试找些事情，让自己忙碌起来。

首先，她辞退了家中的女佣，开始由自己来承担全部家务，让自己闲不下来。可是，这样做并没有什么效果。因为她对所有家务都了如指掌，在做家务的时候基本上是按部就班的，不用思考什么。所以她在做家务的同时，依然控制不住地开始担忧儿子的情况。随后，她跑到了一家大型百货公司去当售货员，因为她之前没有做过这样的工作。

自从当了销售员之后，她的情况总算有所改观，当顾客围着她问个不停的时候，让她根本没有空暇的时间去思考其他的事情。到了晚上，她也只想着如何让自己疲惫不堪的身体休息下来。所以，每天一吃完晚饭，她一躺到床上就会马上入睡，如此一来，她就没时间也没精力去忧虑了。

一个长时间陷入到忧虑情绪中的人，往往无法找到自己的快乐。因此我们如果想要让自己快乐起来，就需要摆脱忧虑情绪。约翰·考尔·波斯在《遗忘痛苦的艺术》一书中曾经说过：“当人们能够聚精会神工作时所产生的镇定精神，有利于人们获得舒适的安全感以及内心的平静和喜悦。”

女人一旦忙碌起来，血液就会加速流动，思维也会变得敏锐起来。让自己保持一种忙碌的状态，可以说是一种世界上最便宜，也是疗效最为显著的一种药。

萧伯纳曾经说过：“让人愁苦的原因就是，有太多的空闲时间来思考自己到底是不是快乐。”

如果你也整天生活在忐忑不安中，不如先让自己忙碌起来吧！别因为担心摔倒，就忘记了奔跑。当你在大地上奔跑的时候，那些担心、害怕，也就被抛之脑后了。

让情绪转个弯，风景就会不同

人心盛得下是非，就盛不下正事。

从小我们就读过这句诗“横看成岭侧成峰，远近高低各不同”，说的是从不同角度去欣赏庐山，所看到的景色也是不同的。看问题其实也是如此，当你因看到问题的严峻而产生悲观的时候，不妨换个角度，也许事态就会柳暗花明，你会看到危机背后的“又一村”。

所有的事情都有正反两方面，没有一个统一的标尺去衡量它是对是错。一件事从不同角度去看，就会看到不同的风景，会产生不同的感受，只要我们做事情的时候，用积极的心态去对待，多一些宽容，多做一些换位思考，就算再难以逾越的鸿沟，也无法让我们停下前进的脚步，再棘手的难题，只要换个角度去看待，也许就会有截然不同的效果，就可能看到躲在乌云背后的太阳。

遇到烦心事就一味地生气，是毫无益处的。优雅淡定的女人懂得适时调整自己，让情绪转个弯，让糟糕的情绪远离自己。

安娜与好友一起逛街，没想到在商场却发生了一件让她十分不快的事情。她与好友买完东西之后，刚离开商店不久，突然发现商店找回的钱里面，有50元假钞。安娜一时气不打一处来，怒气冲冲地就跑回到商店，将假钞扔到柜台上，跟店员理论，没想到店员不认账，这让安娜越来越生气，最后跟店员争执起来，不过争来争去，店员就是不认账，最后安娜钱没换成，还惹了一肚子气。

回到家后，安娜的怒气依然没有消，不过后来她躺在床上想了一下，尽管钱是假的，但是当时自己没有认真检查清楚也是自己的不对。而且自己当时态度确实有点恶劣，如果心平气和地回来跟对方解释，情况可能就不一样了。如果自己是店员，顾客离开之后，又折返回来控诉说自己找给她的是假币，自己必然也会觉得委屈，不愿意认账，万一这个假钱是顾客栽赃陷害呢？更何况对方态度还那么恶劣。这么一想，安娜便释怀了，心情也没有之前那么糟糕了。原来换个方向想想，自己对事情的看法就会截然不同。

任何事情都具有多面性，就看你是否能够换个角度去想问题。通常情况下，女人都习惯用自己的价值观与思维方式去思考问题，如此一来就容易陷入到自我意识之中。优雅淡定的女人在遇到事情的时候，并不会随意去责备周围的人或事，而是会冷静地进行思考，分析一下自己的处理方法是否正确。就像是悲观者容易将挫折看成绊脚石，而乐观者则容易将挫折当成垫脚石一样，不同的思考方式可能会导致不同的结果。

当你感觉到自己正陷入到坏情绪之中的时候，不如试着换个角度来思考让你感到愤怒的问题。下次当你再遇到让你愤怒或者难过的事情时，不妨先不要去抗拒它，先试着让自己学会轻松。看看除了恐慌，你是否能够保持优雅与镇定。不要试着与自己的负面情绪对抗，要学会优雅，这种负面情绪就会像黑暗一样消失在日出中。

要让情绪发生转变，最需要注意的就是产生情绪的行为与态度，只有这些因素转变了，情绪才能发生转变。因此女人一定要记住，当自己愤怒的时候，要先学会转换自己的思维方式以及对待事物的态度，如此才能有效疏通负面情绪。

另外，当感到自己陷入到负面情绪中时，要学会先从自己身上找问题，多站在别人的角度去思考问题，多多去理解他人，想一想自己如果处于对方的位置会怎么做，这样下来，就容易体谅他人，自己也容易消火，清除烦恼。

最后，在遇到让自己生气的事情时，不妨先数个数，让自己冷静下来。当坏情绪得到缓和的时候，就算发火也不会像之前那么强烈了。此外，当产生坏情绪的时候，不妨多去运动运动，将坏情绪宣泄出来，如此一来，心情就会好上很多。

“我失去了一

只臂膀，就睁开了一只眼睛。”诗人顾城在看到折断枝条的杨树后这样写道。生活就是这样有得有失，在失意时无须生气，更不用气馁，试着换个角度去看待它，你将会看到更加广阔的天空。

* * * * * * * * * * * * * * * * *

别人没有义务消化你的坏情绪

自己能解决的事情尽量自己解决，不给别人添堵，这也是一种美德。

王小波曾经说过：“人一切的痛苦，本质上都是对自己无能的愤怒。”想必很多人都是这样，过得不怎么如意，却又无法改变自己的现状，所以难过，所以愤怒，从而产生一系列的负能量，当这些负能量自己无法消化的时候，就会转嫁给他人。

在生活中我们常常会遇到这样的情况：

先生下班回家，见太太沮丧地坐在沙发上，于是就关切地问道：“心情不好吗？”没想到太太却生气地说：“你怎么到现在才回来？”

其实，太太是气丈夫回来晚了吗？可能并非如此，极有可能是因为太太在工作时遇到了什么不顺心的事或者在家中遇到了什么难以解决的事情正在心烦，而此时丈夫回来晚了，于是就撞到了枪口上。

当一个人心情不好的时候，往往会影响对外界的判断，比如恐惧、暴躁、动怒、怀疑、冷漠，都可能对他人产生伤害。

将自身所承受的压力与痛苦的刺激转移到他人身上，尤其是身边的那些关心你的人身上，在某种程度上确实有利于促进心理平衡，有利于自身的心理健康，但是却容易促使人产生自私的思维习惯，因此并不支持女人在产生负面情绪的时候这样做。优雅淡定的女人明白，身边的人是最关心自己的家人、朋友与伙伴，如果通过向他们宣泄的方式来分担自己的刺激，其实对他们是极为不公平的。

想要做到完全不生气是不可能的，关键是要学会如何去处理这些怒气。优雅淡定的女人要做到生怒气了不迁怒，生怨气了不抱怨，生闲气了能自然化解。

通常情况下，将怒气迁怒到别人身上，对方被无缘无故地说了一顿，自己心中的怒气是发泄出来了，但是被骂的人不放在心上固然好，但是被迁怒得多了，难免会积下怨气，这种情绪积累到一定程度的时候，两个人之间隔阂就加深了。当双方因为迁怒而结成心结的时候，时间一长，就可能成为破坏二者之间关系的毒药。

李女士在下班之后，刚一进门就看到十几岁的女儿将家里弄得乱七八糟，这让她很是恼火，便把女儿叫过来数落了一番。聪明的女儿见母亲情绪不对，赶紧把东西都整理干净，随后跑到母亲身边，给她一个拥抱，关切地问她：“今天谁欺负我们大宝贝了？”

李女士一听，心情就好了不少。因为丈夫在家的时候，常常称呼自己是大宝贝，女儿是小宝贝，这次见自己不开心，女儿竟然用这个称呼来安慰自己。同时李女士也意识到，自己刚刚把在公司的负面情绪宣泄到了女儿身上。而女儿极为聪明，明白妈妈的怒气并非是针对自己，因此并没有情绪反应，反而安慰妈妈，心里对女儿又内疚又觉得女儿实在是太善解人意了。

不管一个社会多么公平，个体与个体之间总是会存在着诸多差异，很难有一个人在所有方面都优于他人。因为普遍的社会矛盾与人性的弱点，每个人都可能会遭受他人的愚弄与侮辱等不公平对待。冒犯者往往比被冒犯者强大，因此被冒犯者出于自我保护的现实原则不得不将心中的怨气隐忍下来，将自己的怒气发泄到那些不会给自己带来伤害的个体身上。

人们在选择自己的宣泄方式的时候，往往是因人而异的，比如，理智的女人会冷静从容地调整自己的心态，鲁莽的女人会冲动地将情绪转嫁到他人身上；愚蠢的女人可能会走向极端，甚至通过一些自我惩罚的方式宣泄出来。

有些人并没有意识到，将坏情绪传染给他人，往往只能造成最坏的结果，毕竟生气的时候踢石头，疼的是脚趾头。

如果将情绪转嫁到他人身上，可能会造成另外一个人陷入苦恼之中，让人们失去欢乐，让家庭失去原有的温馨，严重时可能让局面变得无法收拾。对于我们来说，已经受了委屈，或者情况已经很糟糕了，最好的办法是去化解自己内心的不平衡。因此不能当坏情绪的“搬运工”。

每个人都可能会经历一段难熬的岁月，在工作上遇到烦心事，在恋情上出现问题，在其他一些方面出现自己难以预料的困境。

你渴望被救赎，渴望能够有个人带你去逃离这种混沌不堪的局面，但你要明白，这个世上，除了你自己，没人救得了你。

优雅淡定的女人为什么不把负面情绪传递给身边的人，因为她们明白，最好的心理医生就是自己。人都是会变的，经历多了，韧性就强了。有些过去认为跨不过的坎儿，随着年岁的积累，再回过头去看，就会发现真的不算什么。

* * * * * * * * * * * * * * * * *

忍住一时冲动，方能海阔天空

匹夫见辱，拔剑而起，挺身而斗。此不足为勇也。

英国作家塞·约翰逊曾说：“人最重要的价值在于克制自己本能的冲动。”冲动是魔鬼，一切冲动的后果都是难以想象的。有太多真实的案例不断地告诫人们，冲动往往会引发难以预料的后果。

人在被冲动冲昏头脑的时候，往往会丧失理性，引发精神过度紧张，造成身体系统功能紊乱。时间一长，必然会危害身心健康。另外，当人的情绪激动到无法控制的时候，很容易做出对他人不利的事情，造成无法挽回的损失。

女人在冲动的时候，行动往往缺乏思考和耐心，当她们被冲动的情绪冲昏头脑的时候，往往会不加思考地采取行动，有时候情节相当恶劣。

曾有这样一条新闻：一位家庭主妇，在某天下午由于其侄女在上学离家的时候，关门时不注意弄出了太大的响声，一冲动就直接将自己手里拿着的热水壶里的水全都泼到了小女孩身上。结果造成这个小女孩全身严重烧伤，面目全非。而她事后也表示，自己不知道为什么会这么冲动，似乎当时只有这样做才能平息自己心中的怒火。不过事情已经发生了，后悔也晚了，她只能接受法律的制裁。

在日常生活中，谁都难免会遇到一些烦心的事情，并由此引发不满的情绪。女人有时候在做事的时候，比男人更容易冲动。而一个容易冲动、行为偏激的女人，很难受到人们的喜爱。一名优雅淡定的女性，应当不管遇到了怎样的刁难，都能够游刃有余地处理。让自己冷静下来，理智地去分析情况，解决出现的问题，而并非是一味因为委屈而点燃心中的怒火，最终将自己与他人全都烧毁。

那么，如何远离冲动呢？

通常来讲，情绪变得愤怒有几个发展阶段。最初的时候，可能只是心中的不满，表情僵硬。如果情绪冲动的话，愤怒就会不断加剧，从而可能导致情绪失控而勃然大怒。心理专家认为，冲动是一种刺激，激动人的思想，让人采取行动。这种刺激可能是客观的，比如周围环境的影响，也可能是主观的，比如人的心理与生理，通常来讲，不管是哪一种都无法在事前做及时的思考与判断。因此这种情况下而采取的行动，往往是缺乏思考，不切实际的，常常会让人在事后后悔不已。因此，应该采取一些积极有效的措施来控制自己冲动的心理：

1.一旦意识到自己冲动，马上进行克制。

苏格拉底曾经说过："在你发怒的时候，要紧闭你的嘴，免得增加你的怒气！"冲动性情绪来得快去得也快，只要想办法抑制一下，就可能避免冲动。消极的情绪就像一匹意欲奔腾的马，你要牢牢抓住缰绳。当别人对你说了让你觉得心烦或者不满的话的时候，不妨给自己做个心理暗示"我没必要跟这种人一般见识"让情绪淡下来。

2.学会调动理智控制自己的情绪，使自己冷静下来。

在遇到较强的情绪刺激时应学会强迫自己冷静下来，去分析一下事情的来龙去脉，然后再采取表达情绪或消除冲动的"缓兵之计"，尽量不让自己陷入到草率行事的被动境界。比如，当你被别人嘲笑的时候，若是你勃然大怒，可能对方会跟你争执不休，从而让你的怒火越烧越旺。如果你能够冷静一下，想出更好的方法，用沉默作为抗议的武器，尽量用简单有力的语言去表达出自己受到的伤害，指出对方的过错，可以有效地避免争端。

3.使用暗示、转移注意力法。

人们往往会因为伤害自尊或者切身利益的事情而感到愤怒，无法快速地让自己的情绪平复下来。这时候，不妨采取转移注意力、自我暗示等方法让自己放松下来，鼓励自己克制冲动的情绪。一个人的情绪常常只需要几秒钟、几分钟就可以平息下来。

4.平时可以进行一些训练，培养自己的耐性。

人的耐性强了，就不容易冲动行事了。因此可以结合自己的业余爱好与兴趣，选择几件需要耐心、静心和细心的事情来做，不仅可以陶冶情操，还能丰富自己的生活。

* * * * * * * * * * * * * * * * *

负面情绪如洪水，找对渠道好疏通

有些情绪不能总压在心底，正确发泄出来才能避免负面情绪在心中发酵。

生活中，一些女人为了让自己不发脾气，就只好压抑自己的情绪。实际上，压抑是一种极为错误的方法。浅层次的压力，也许并不会给女人的心情带来太多的影响，但是如果压抑情绪较为严重，使得情绪无法及时排解，往往会给自己带来巨大伤害。因此，要保持身心健康，就要学会释放情绪。合理地排解心中的怨气、怒气等不良情绪，让这种情绪在既不伤害自己也不伤害他人的情况下得到释放。如果发泄情绪的方法错了，那么只会让情况变得更加糟糕。

晶晶遇到了一些烦心事，心情一直十分低落，人也憔悴了不少。好友王楠发现之后，关心地询问她心情低落的原因。平时晶晶人缘很好，且有几个关系不错的闺蜜，大家有什么不高兴的事情，都会互相倾诉。于是，晶晶开始找好友发泄自己的情绪。不过，这一次，她发泄的时间有点长。不管是白天，还是晚上，她总是不分时间地给好友打去电话“倾诉”。开始的时候，大家都表示理解，毕竟她心情不好，心甘情愿地当她的“垃圾桶”，认为这是晶晶信任自己的一种表现。可是时间一长，大家就都有些承受不了了。后来，大家就直言不讳地将自己的感受告诉给了晶晶，没想到晶晶的情绪变得更加低落，委屈得直掉眼泪。

女人的情绪往往是很难自我控制的，在心理学上可以将情绪分为心境、激情、应激三种状态。其中，心境是一种让人的其他一切体验和活动都感染上情绪色彩持续时间较长的情绪状态，具有弥散性的特点。当女人处于这种状态的时候，就会影响到她对身边一切事物的看法。心境良好就会用一种积极的心态去看待事物；心境不好，那么就会对一切事物感到烦闷、乏味，而且容易发脾气。

当人们心情低落的时候，就会想要找一个渠道来发泄自己郁闷的情绪，但是你也应当清楚，所找的发泄渠道应当对你的无理谩骂、恶声恶气，怒目而视没有丝毫的怨言。因此通常情况下，朋友并非是最佳的选择。不管你们之间的关系多么亲密无间，一旦发泄超过了他一定的承载限度，对方就容易产生不悦。所以，找个“发泄桶”来代替原有的人和事。如此一来既可以让情绪得到排解，又可以避免对他人造成伤害。就如《红楼梦》中的“撕扇子作千金一笑”一节里晴雯撕扇子一样，其实就是一种对宝玉责备的发泄。

端午佳节间，宝玉由于金钏儿的事情，心情十分糟糕。恰巧晴雯在给宝玉换衣的时候失手把他扇子跌折了，宝玉便借机训斥了她几句，晴雯向来自尊心强，被宝玉责备了一下，马上就忍不住还击了一通，不仅把宝玉“气得浑身乱颤”，而且连来劝架的袭人也落了个灰头土脸。最后，宝玉一定要回了太太去，至袭人一干丫鬟跪下求情才罢。而宝玉赴宴回来，看见晴雯还在生气。听说晴雯喜欢听撕扇子的声音，就拿了一堆名贵的扇子任由晴雯撕。最后晴雯将宝玉手中的扇子撕了，又把麝月的扇子也撕了，心情才好了不少。

找到正确的发泄方法有利于释放心中的闷气，化解压抑与郁闷。当女人对某事或者某人有所不满的时候，不妨找来一些纸张和画笔，将不满与愤怒画在纸上，将内心的不愉快通通发泄出来。不过不论你写的是什么，等发泄完毕之后就不要再记在心上，要学会遗忘。让自己的心情冷静下来。这是一种安全的发泄方法。如果这种发泄方法不够你将心中的怒气全部发泄出来，不如找个没人的地方，大喊一声，这样内心的压抑就能够得到释放了。除了这两种方法之外，大笑也是一种可以驱赶内心阴霾的方法，大笑能够让人内心的痛苦感快速被消除，达到治愈心灵的作用。

总而言之，当女人觉得心情不佳的时候，不要总是以泪洗面或者用谩骂、摔东西等方式来发泄，要以一种更加合理的方式来将心中的不快发泄出来，找到一个正确的发泄渠道。

* * * * * * * * * * * * * * * * *

心理测试

你是不是一个情绪化的人?

你经常会受到情绪的影响吗?

1.翻开手机相册，查看一下最近拍的照片，你有何想法?

A.不满意　　B.很满意　　C.觉得还行

2.你是否会设想几年之后可能让自己极其不安的事情?

A.经常会设想　　B.从来没想过　　C.偶尔会想一想

3.你是否曾经被身边的人起过绰号，挖苦过?

A.常有的事　　B.从来没有过　　C.偶尔会有

4.躺在床上准备睡觉之后，你是否经常会再起来一次，查看一下门窗有没有关严或者厕所灯有没有关上?

A.经常会这样　　B.从来不会这样　　C.偶尔会这样

5.你对跟你关系好的人是否满意?

A.不满意　　B.非常满意　　C.基本满意

6.半夜的时候，你是否会害怕?

A.经常　　B.从来没　　C.偶尔会

7.你是否经常由于梦见可怕的事情而在半夜惊醒?

A.经常　　B.从来没有　　C.偶尔会有

8.你曾经是否出现过多次做一样的梦的情况?

A.经常　　B.从来没有　　C.记不清了

9.有没有一种食物，让你觉得吃完之后特别恶心？

A.有　　B.没有　　C.记不清了

10.除了现实世界之外，你的心里是不是还藏着一个虚拟的世界？

A.有　　B.没有　　C.记不清了

11.你是否经常会有种不是现在的父母所生的错觉？

A.没有　　B.有　　C.偶尔会有

12.你会觉得有人在爱着或者尊重你吗？

A.会　　B.不会　　C.说不清楚

13.你有没有觉得家里虽然经常待你不公，但是你心里清楚他们是爱你的？

A.是　　B.不是　　C.偶尔

14.你是否觉得没有80%的人不了解你？

A.是　　B.不是　　C.说不清楚

15.你在早晨起来的时候的情绪通常是什么？

A.忧郁　　B.高兴　　C.说不清楚

16.每到秋天，你会产生什么感觉？

A.天气转凉，枯叶遍地

B.秋高气爽或者艳阳天

C.说不清楚

17.站在高处的时候，你是否会产生站不稳的错觉？

A.会　　B.不会　　C.说不清楚

18.平时，你是否会觉得自己很健康呢？

A.是　　B.不是　　C.说不清楚

19.你有没有一回家就把门关上的习惯？

A.有　　B.没有　　C.不清楚

20.坐在小房间里，将门关上，你是否会觉得焦虑不安呢？

A.会　　B.不会　　C.偶尔会

21.当一件事需要你来做决定的时候，你是否会觉得难以抉择？

A.是　　B.不是　　C.偶尔是

22.你是否会经常用抛硬币、翻纸牌或者抽签之类的游戏来测吉凶？

A.是　　B.不会　　C.偶尔

23.你是否经常会因为碰到东西而跌倒？

A.会　　B.不会　　C.偶尔

24.你是否需要一个多小时才能入眠，或者醒得比你期待中的早一个小时？

A.经常会　　B.从来不会　　C.偶尔会

25.你是否曾经看到或者察觉到一些灵异的东西？

A.经常会这样　　B.不会　　C.偶尔

26.你是否觉得自己有着跟常人不一样的能力？

A.是　　B.不是　　C.说不清楚

27.如果有人跟你一起走是否会让你心里不安？

A.是　　B.不是　　C.说不清楚

28.你是否觉得有人在观察着你的一言一行？

A.是　　B.不是　　C.说不清楚

29.一个人走夜路的时候，是否觉得在某个地方藏着危机呢？

A.是　　B.不是　　C.偶尔

30.你对他人自杀有什么想法？

A.可以理解　　B.完全无法理解　　C.说不清楚

上述测试题，选A得2分，选B得0分，选C得1分。将你的得分加起来，算出总分。

总分越少，表明你的情绪越稳定，相反则越差。

结果分析：

总分0～20分：你的情绪十分稳定。情绪不会有什么大起大落，有着极强的自信心，面对现实，有着较强的道德感、美感与理智，有着较强的情绪自控能力。能够很好地适应社会，能够顾及周围人的感受，是个性情爽朗，受人欢迎的人。

总分21～40分：你的情绪基本稳定。能冷静地应对生活中出现的普通问题，但是由于在考虑事情的时候过于冷静、消极，因此往往无法发挥自己的个性，导致自信心受挫，办事情绪忽高忽低，瞻前顾后。

总分41分以上：你的情绪不是很稳定。在生活中出现挫折的时候，习惯性应付过去，如果应付不过去就会异常烦躁，常常愁眉不展，让自己处于紧张或者消极之中。

总分50分以上：这是一种十分危险的信号，最好去心理医生那里咨询一下。

第三章

携一份风淡云轻，等一场春暖花开

稳住一颗急躁的心，才能从容不迫地踏上自己的旅程。有时候，我们要学会慢慢走，走出自己的节奏，迎一场属于自己的春暖花开。

人生不用争分夺秒，慢慢走一切都来得及

慢慢走，才能发现平时发现不了的风景。

在武侠的世界里，讲究天下武功唯快不破，但是人生不一样，人生不可能是一蹴而就的完美。林徽因说过：“许多人都做了岁月的奴，匆匆地跟在时光背后，忘记自己当初想要追求的是什么，如今得到的又是什么。”

有些人总是走得太过匆忙，忘记了欣赏途中的风光，结果走着走着就忘记了自己的初衷是什么，只记得要“快”，因为人们总担心来不及。怕来不及抓住对方，因此在不确定对方是否适合自己时就匆匆地结婚；怕自己错过了机会，就不假思索地别人给什么就接住什么。有时“来不及”往往会让人们产生太多的担心和焦虑，所以常常会生气。失去理智的大脑，急于求成的浮躁，打乱了生活的节奏。

饶蔓青曾经是中文系有名的才女，文笔清丽，文章耐人寻味。后来，毕业之后，她进入了一家出版社，编写了不少畅销作

品，还获得了国家级的图书奖项。那时的她，浑身都散发着一种韵味，那是时光渗入到骨子里的美，正所谓“腹有诗书气自华”形容的应当就是她这种类型的人了。

后来随着年龄的增长，以及生活压力的增大，浮躁的环境慢慢开始对她造成影响。看着周围很多人都有了自己的事业，她也想要开一家属于自己的公司。女孩子想要开家自己的公司，这本是无可厚非的。但是她根本无法游刃有余地处理公司的大小事宜，因此总是把自己整得焦头烂额。自从开了公司之后，她几乎没有了空闲的时间，偶尔朋友联系她一起小聚，她都只能用忙为理由婉拒，生怕耽误了时间。家人劝她不要活得太累，应该给自己一些喘息的时间，这些道理她都明白，但是却根本停不下来。因为她贷款买了房子，想要尽快将贷款还清，如果现在懈怠了，那么不知道什么时候才能还清贷款了。她总挂在嘴边的一句话是：“我希望自己结婚生子的时候，不再为柴米油盐酱醋茶而发愁。”

几年之后，她终于将房贷还得差不多了。这时的她，又想着给自己换辆更好的车。她觉得公司越做越大，业务越来越多，如果再开之前的车，难免有失身份。朋友看到如今的她，在称赞她是女强人之外，都在感慨，她再也不是以前的她了。

朋友的旁敲侧击，让她开始反省自己。回忆起这几年生活，每天都跟打仗似的，看起来很充实，但是却完全忘记了生活的意义。每天一睁眼就发愁，睡觉之前还在盘算明天要怎么办。想起过去窝在房间里打字的日子，突然开始怀念那份恬淡和美好。她每天都把自己武装成一个机器人一般，忙忙碌碌，但是却缺少了心的触动，日子过得越来越慌张，越来越迷茫。热闹散去，都是空虚，繁华落尽，尽是悲凉。

中秋节的时候，公司放假，她也打算让自己放松一下。她跑到了丽江小城住了几天，在那里所有的时间仿佛都放慢了速度，抬头仰望一下天空，有几朵云在嬉笑追逐，恍惚间，她仿佛找到了从前的自己。

生活向来不是一场竞速赛，不需要每时每刻都奋不顾身地向前走，不需要在短时间之内比出个输赢。很多东西，就算是想要拥有，也不用着急，只要你付出努力，迟早会拥有。急功近利，只会让外物扰乱了你的内心，让你在追逐的过程中，忘记了欣赏周围的风景，只是拖着一个空壳向前游荡。

很多时候，我们需要放慢自己的脚步，如此才能感受到阳光、花香、生活的美好。如果活得太过焦急，就会让自己忽略很多的美好，让自己的生命变得狭隘。

生命的旅途中，每个女人都需要放缓自己的脚步，留一点时间给自己思考，整理一下自己杂乱的思绪。不要让欲望侵占了你的内心，辜负了大好时光。花要慢慢欣赏才美妙，曲要慢慢听才动人，茶要慢慢品才有余味，人生也要慢慢走，才能足够精彩。

做一个不急不躁的女人吧，用自己的从容来欣赏世间的美好，用时间去酿制生命的这坛美酒，静静地去品味生命的真谛。

* * * * * * * * * * * * * * * * *

站在一个成熟的高度来接纳别人的批评

你在接受批评的时候，也找到了让自己成长的节点。

生活在到处都散发着浮躁气息的环境中，女人总是会不自觉地陷入到一种烦躁之中，像是登上了一辆极速行驶的汽车，总在担心会不会被别人追上，或者自己能不能追上别人，却从来不考虑会不会因为开太快而出事故。心一旦变浮躁之后，性情也就容易变得敏感。一旦稍稍有些负面评价，心中就忍不住生气，开始为自己打抱不平。

张晴是一个极度敏感的女人，这样的性情给她带来了不少麻烦。

大学毕业之后，张晴就进入到一家文化公司。像很多新人一样，张晴希望在最短的时间内，得到上司的认可，迅速出人头地，想要做事比别人快，做得比别人好。她其实能力还不错，这一点领导在实习期的时候就发现了。为了能够激发她的潜力，领导在她转正之后，就增加了她的工作难度。难度大了，问题自然也开始出现了，张晴工作出错的概率也随之增加了。

作为张晴的领导，自然要指出并纠正下属的错误，可是张晴面对领导的指责却颇为在意，在心里一直十分抵触。有一次，领导说她做事过于死板，不懂得变通，这让张晴的心情一落千丈。她认为领导是在故意刁难自己，明明自己是照着领导的指示去办事，却总是鸡蛋里挑骨头，针对自己，因此心里愤愤不平。

自从产生了这样的想法之后，她就变得十分敏感多疑。比如开会时，领导讲话的时候，如果捎带着一些提醒或者批评的话，比如“最近大家工作都留点心，别总马马虎虎就交差”。她就觉得是在说自己，后来发展到领导表扬了某个同事，她都觉得领导是在借这个同事来嘲讽自己。

每天背负着巨大的心理包袱，张晴也没有了工作的兴致，每天早上一醒来就开始烦躁，出的错也就越来越多。她拼命想要证明自己，可是越是着急，事情就越做不好；越出错，就越敏感。她最终陷入到了纠结之中，心中不甘，但又觉得不得不承认自己能力不够。要不要辞职，成了她一天到晚都在思考的事情。

其实很多人都有过像张晴这样的情况。一句批评，可能会击垮一颗脆弱的心灵。如果一直如此敏感慌张，那么数十年的风雨人生路要如何走下去呢？对于批评这件事，不能不放在心上，因为要记住教训才能成长，但也不能太放在心上，因为它很平常，谁都会遇到，不能因为一句批评就让自己成了一只受惊的小兽，到处咬人。

其实不管你地位如何，身份如何，都会有人对你表示不满。

得到别人的认可固然重要，但是在那之前，首先要做到自己认可自己。对于一些积极的评价，不骄傲不自满；对于一些消极的评价，不愤怒不消沉，这是一种豁达，也是一种宽心。只有做到这一点，才能不轻易生气。

当别人的批评过于苛责，让你觉得难以接受的时候，不要着急去辩驳，而先要做一番自我反省，毕竟不管你多么生气，都无济于事，反而让人觉得你没有涵养，容易愤怒。

爱默生说过，如果我们将批评比喻成一桶沙子，当它无情地撒向我们时，不妨静下心来，在看似不合理的要求中，找到让我们进步的"金沙"，在批评中寻找成功的机会。当形形色色的人言朝我们射来时，要学会不动声色，不被干扰，既不全盘接受，也不会一概不听。生气的那一刻，冷静地问问自己："他说的是不是事实？"有则改之，无则加勉，如此一来，就能在别人的批评中提升自己。

面对与事实不符的批评，不妨想开一点儿。一个淡定优雅的女性是不会因为一些无谓的批评而跟对方较真的。我们不妨设想一下，如果我们因为一些恶言恶语就跟对方针锋相对，被气得暴跳如雷，丧失理性，结果不是更糟？墨菲定律中有一条是说，永远不要跟傻瓜吵架，否则别人会分不清谁是傻瓜。对于那些小人的恶意攻击，不为所动、包容忍耐是最好的回应。

当然面对故意找碴儿，在保持理智的同时，在必要的时候也要学会为自己澄清，据理力争。不过，回击的时候注意要采取正确的方法，不必大动干戈，不必怀着仇恨的心理，只要能够证明自己就够了。

我们要稳住自己的心，不管别人说什么。我们都要能够分清情况，不可为了他人的批评而耿耿于怀，萎靡不振。只要你觉得自己所做的事情，所做的决定是正确的，那么你就朝着正确的方向去努力。坦然地去面对那些批评，让自己一直保持一颗不急不躁的心。

* * * * * * * * * * * * * * * * *

让自己像梅花一样悄无声息地绽放

水静才能映出完整的月亮，心静才能接收外面良好的信息。

托马斯·肯比斯曾说："一个真正伟大的人是从不关注他的名誉高度的。"一个真正有气质的女人，从来不会去卖弄自己看了几本书、到过哪些地方、认识多少荣华富贵的朋友……卖弄，是一种腐蚀人类心灵的通病，如果被感染，那么花也就失去了香气，空有一个美丽的外壳。

很多人都会被虚荣心所绑架，习惯性地在别人面前炫耀自己的优越感，这种优越感可能是无意中获得了一件心爱的宝物，可能是办成了一桩得意的事情……久而久之，这种炫耀就成了卖弄。你觉得别人在自己炫耀的时候会投来赞赏或者羡慕的眼光，事实上，大多数人对你的卖弄并不会放在心上，甚至会心生厌恶。

优雅的女子活得会像梅花一样，不与春日的百花争艳，不与夏日的荷花斗香，不与秋日的菊花比美，只有到了万物沉静的冬天，才会悄无声息地开放。

如梅花一般的女子，往往坚守着自己的原则，本分地做着自己的事情，不去窥探别人的秘密，也不去惦念别人的风光，不怨天尤人，更不自怨自艾。她们如局外人一般，用一种风轻云淡的态度看着周围的事情，而这种态度，正折射了她的优雅与从容。

刚刚进入公司的时候，高倩只是一个不起眼的小人物，她能力一般，姿色平平，看上去没有什么任何出彩的地方。因为太过普通，同事们有时甚至会忘记她的存在。她本分地做着自己的事情，如果哪位同事需要帮忙，就会默默地帮上一把，也算是告诉同事们，公司还有她这个人的存在。

办公室里有很多女同事，大家一有空闲就会聚在一起聊天。聊天的内容大多都与化妆品、衣服、男人有关，她虽然也被叫去一起交流，但是往往只做个旁听的对象，从来不会发表自己的意见。有些女同事经常抱怨自己买不起高档的化妆品，抱怨自己老公赚钱少，每当聊到这些话题的时候，高倩总是会在心里默默审视自己，发现自己始终没有为这些事情烦恼过。因为在她的价值观里，一直觉得衣服够穿就行了，护肤品适合自己就够了。

后来，公司要从内部选一名女员工，让其陪同老总到国外的总部进行交流学习。这是一个难得的机会，公司上下的女职员们都争抢着想要获得这次机会，尤其是那些漂亮的女同事，更是使用了浑身解数想要从众多竞争者中脱颖而出。

在那段时期，原本平静的办公室，变成了暗潮汹涌的“战场”，人与人之间多了一些暗地里的钩心斗角。

对于这件事，高倩其实没什么兴趣，也不想参与到女职员的竞争中去。如果不是公司要求全部女性职员都参加，她早就放弃了。当别人千方百计去拉票，讨好周围的人的时候，她却像往常一样，该做什么还是做什么。因为她一直不张扬，也避免了不少麻烦与矛盾的发生。

竞选当天，很多女同事都打扮得十分精致，穿着盛装出席，其间不断展现自己的个人魅力。可是她却像往日一样打扮，不卑不亢地把自己对于助理职务的看法阐述了一番，并对外出学习考察的计划以及目的、效用做了一份报告。她没有刻意哗众取宠地装扮，在艳丽的人群中显得那么平淡和朴素。

最后，让所有人意外的是，高倩获得了这次机会。这次的意外胜出，并没有给她带来快乐，反而惹来了不少闲言碎语。一些落选的女同事开始挑事说她一定在背后用了什么见不得人的手段。对于这些流言蜚语，高倩并没有多加理会，她认为清者自清，所以依然踏实地做自己的工作。她的这份淡然与沉稳，让那些对她颇有微词的人感到十分意外。不久之后，关于她的流言蜚语就像是被橡皮擦擦过一般不见踪影了，而她在陪老总交流学习之后，凭借自己的工作能力以及波澜不惊的态度，赢得了一大批人的尊重。

不愿意出风头，不与人争的女子，日子也许会平淡一些，但是她们更能去感知平淡日子里的幸福，过得更加安心，像是一幅水墨画，看似没有那么多浓墨重彩，却活出了独特的风格。内心淡然的女子明白，幸福并非只有一个固定的模板，只要用心感受，就会发现幸福就在自己身边。

女人们应当坚守着一颗安然自得的心，像梅花一样从容、淡定，散发一种简单、大气、深邃的美，静静绽放自己的芬芳，这无疑也是一种幸福的活法。

* * * * * * * * * * * * * * * * *

不慌不忙，弹出自己的乐章

每个人都有一个属于自己的专属标签，而挂上标签的只能是你自己，不能是别人。

古人常用“花花世界”来指代浮华的人间。《射雕英雄传》里，黄蓉用“花花世界”作为筹码，告诉小龙女，杨过喜欢花花世界胜过古墓，让小龙女自动离开。

不得不说“花花世界”是极具有诱惑力的，因为在那里我们可以见很多没有见过的东西，玩很多没有玩过的游戏……有着太多未知等着我们去探索。但是正是由于这样的吸引力，让我们总是行色匆匆，甚至忘记了停下来聆听一下自己的心声。

日本一位极为年轻的医师大津秀一，曾经目睹过上万例患者的临终遗嘱，他说：“大多数人一生最遗憾的事情，就是‘没有做自己’，比如没能做自己想做的事情，没有去想去的地方旅行，没有过自己想过的生活，等等。”

人们总在各种各样的束缚下，做出了违背自己内心的决定，让自己成为了生命的配角，只有到了死去的那一刻才后悔不已。

女性要敢于活出自己，因为你最具有魅力的地方就在于你是你自己，你不要想去当谁的配角。

索菲娅·罗兰是意大利著名的女演员。从二十世纪五十年代开始，她就凭借自己独特的气质以及高超的演技，拥有了不小的人气。曾有人形容她说：“如果罗兰是花，她将不会是小巧精致、有色无香的西洋菊，而是粗枝大叶、清香远溢的荷花。”

索菲娅·罗兰之所以能够享誉世界，则是她一直坚守自己的结果。

在她很小的时候，索菲娅就怀着想要当演员的梦，独自一人来到了当时十分繁华的罗马。她的从影之路，跟很多演艺界的明星一样，走得磕磕绊绊。

由于她个子太高，臀部太宽，鼻子太长，嘴太大，下巴太小，不符合当时的审美标准，没有一个意大利的演员是她这样的画风。虽然制片商卡洛觉得她是一个好苗子，带着她去试了很多次镜，但是结果摄影师们都抱怨说，无法将她拍得美艳动人。

在屡屡失败之后，索菲娅被告知如果想要继续干这一行，她需要整一整自己的鼻子跟臀部。然而，索菲娅认为，自己身上的每一点都是自己的魅力，在任何地方“动刀子”都会让自己失去自己的独特性。因此她果断地拒绝了这样的要求。她说："我为什么一定要跟别人长得一样呢？我知道，鼻子是脸庞的中心，它赋予脸庞以性格，我就是喜欢我的鼻子和脸保持它们的原状。至于我的臀部，那是我的一部分，我只想保持自己现在的样子。"她坚信，终有一天自己能够名扬世界，终有人会去欣赏自己除了外表以外的东西，看到自己内有气质和精湛的演技。

索菲娅没有由于别人质疑的目光而去改变自己，她一直坚持着自己的本色，最终她成功了。而当她成功之后，原来关于她"鼻子长、嘴巴大、臀部宽"等诸多质疑，已经变成了对她的赞美，而这些特征也成为了美女的标准。索菲娅甚至被评为"最美丽的女性"之一。

索菲娅·罗兰后来在自传《爱情与生活》中如此写道："自我从影开始，我就出于自然的本能，知道自己该化什么样的妆，搭什么样的发型和衣服，我谁也不去模仿，从不盲目地跟着时尚走。"

每个人都有区别于他人的特点，这是你独有的香气。女人没有必要由于一些世俗的观点，去改变自己。或许在一些场合你要去扮演不同的角色，甚至是自己厌恶的角色，但是人潮散尽，千万不要忘了，你永远都是你自己。

一个不生气的女人并非是一两天就能够培养出来的，这是一个坚定而缓慢的过程，其中最重要的就是让自己不要慌，要懂得坚守自己。也许你要说人毕竟是社会群体中的一分子，需要去顾及别人，但是你要明白，自己在更多时候是需要为自己而活的，如果一个人想活出精彩就要有所坚持。放宽心去安置自己，不管外界把你说得多么狼狈，你都能淡然自得，不去理会外面的声音，才能绘制出一幅属于自己的蓝图。

* * * * * * * * * * * * * * * * *

多读书，滋养自己这片土地

世界有十分美丽，如果没有女人，将失掉七分色彩；女人有十分美丽，但远离书籍，将失掉七分魅力。

时间可以改变女人的容颜，却夺不走女人在经过岁月沉淀之后，才焕发出来的美丽。这份真正的美丽就是女人的内涵、修养与智慧，就像是经过细致打磨的美玉，美丽由内而外散发出来……

女人一旦没了内涵，精神世界就狭小了，就容易坐井观天，遇见一些小事就爱抱怨、爱生气，喜欢小题大做。不断地提升自己的精神境界，对女人而言十分重要，除了可以消除思想上的困惑之外，还能获得积极正面的精神力量，让自己处于最佳的精神状态，由内而外散发出一种芬芳。毕竟，心灵这块土地一旦贫瘠了，那么想要播种收获就难了。

在现实生活中，坐井观天的女人不在少数，一个女人的眼波浅了，就会变得空虚，变得浮躁，变得太过浅显易懂，像口香糖一样只会让人越咀嚼越讨厌。张敏就是其中的一位。

张敏结婚已经有7年了，现在在家当全职太太。张敏的丈夫是一家知名企业的部门经理，兴趣广泛，品位也很高雅。而张敏，自大学毕业做了半年的保险公司推销员之后，就辞职在家。张敏的婚后生活很惬意，偶尔约几个好姐妹一起打打麻将、看看电影，在家里研究研究料理，看看电视剧……为了能够吸引老公，有时候，她偶尔会好好打扮打扮自己，选用最好的化妆品，穿贵的名牌。在张敏自己看来，自己这样就够了，但是老公却对一切不置可否。

到了结婚的第七个念头，张敏发现老公有了外遇。她曾偷偷了解过，老公的外遇对象是个刚刚毕业的大学生，一脸的稚嫩，聪明伶俐很招男人喜爱。张敏觉得，丈夫肯定是看上了对方的姿色，不由得开始在心底咒骂岁月不饶人。后来，丈夫终于跟她摊牌了，她一边咒骂，一边哭泣，活脱脱一个可怜的怨妇。丈夫很无奈，告诉她："我每天回到家，就听你在唠叨家长里短，一点其他的追求都没有。你总是活在自己的小世界里，活得越来越没有营养。"

现实生活中，有太多的女性像张敏一样，将自己囚禁在一个狭小的世界里，为自己画地为牢。不仅家庭主妇，那些朝九晚五的上班族也是如此。她们每天都在做着同样的工作，脑子里装的都是差不多的信息。因为长久没有更新，所以她们只能用固定的思维去思考问题，像是一台长久不用的机器，在不知不觉中生了锈，难以让自己再转起来。

其实对于优雅淡定的女人来说，人生是一个永远都没有终点的精神之旅。她们不会去为自己套上思想的桎梏，不会放过任何学习的机会来充实自己，回报自己。只有不断地充实自己，才能让我们在未来的日子里免受枯燥、孤寂折磨，才有获得幸福和成功的可能。

当你的精神境界提升到一定程度的时候，很多以前纠结不已的事情就会看开了，自己的世界也开阔了不少。俗话说得好，“活到老，学到老”，这句简单的话语，包含了做人的大道理。学习是人一辈子的事情，不是离开学校就戛然而止了。总在通过学习提升自我的人，不管多大，都能散发着不一样的气场。

赵姐是一位退休工人，性格温和谦逊，待人总是彬彬有礼，因此很受大家欢迎。不过在刚退休的时候，生活一下子空下来了，让她焦躁不已。后来，她主动报名参加了夜校，主修法律，渴望自己有天能够成为一名律师。

当时，赵姐已经55岁了，孙子都上小学了。55岁还到夜校去读法律，在很多人看来都是一时冲动，认为赵姐坚持不了多久就会主动放弃了。没想到，赵姐竟然真的用两年半时间读完了夜校，随即又通过了司法考试。在近60岁的时候，成功拿到了法律职业资格证书，成为一名真正的律师。虽然她到了最后也只是在社区当法律工作者，无偿为大家服务，但她的举动让周围邻里都称赞不已。

赵姐通过学习，不仅丰富了自我的生活，更让自己的精神世界得到了提升。学习是一种快乐的历险，不受年龄限制，只要我们想就随时都可以开始。而学习这件事本身，也是一种对自我的投资，是自己送给自己的礼物。因为心灵是我们最重要、最基本的组成部分，只有用知识才能滋养它，锻炼它，如果我们不理会它，不给它养料，它就会停止成长，甚至慢慢退化。

一个精神退化了的女人，注定是俗不可耐的。曾有人说过，不懂得学习的女人，一辈子只有逛不完的菜市场，穿不完的地摊货。这只是从物质层面来解读的，从精神层面而言，不懂得学习的女人，就像是一张白纸，看了正面就是背面，而懂得学习的女人则像是一本好书，看完一页还想要看下一页。

不管你现在在做什么，年龄是多少，都应当注意提升自己，升华自己，它是你最经久耐用的法宝。如果说女人似水，那么有内涵的女人就可以水滴石穿，用智慧获得爱与尊严。

知识就像是雨水，可以滋养女人这片土地，让土地上可以生机勃勃。有了内涵的女人，一生都会散发出无穷的魅力，是一生都取之不尽的巨大财富，是你独有的一条风景线。

* * * * * * * * * * * * * * * * *

不急不躁，世界不会亏待你

人生从来不是规划出来的，而是一步步走出来的。找到自己喜欢的事情，每天做那么一点点，时间一长，你就会看到自己的成长。

每个人都是一粒种子，只是大家的花期不同。有的花可能很快就绽放开花；有的花则需要漫长的等待。不要因为暂时没有动静就急躁，细心呵护使其慢慢长大，让自己的枝叶再长得强壮些，去沐浴阳光风雨，何尝不是一种不幸福。相信自己，静等花开。也许你这粒种子永远无法开花，那也不用气馁，因为你可能是棵参天大树。

生活总会有个未来，就像交替的四季总会有春天一样，不急不躁，该有的都会有。

生活在嘈杂多变的时代，生活的步调往往会快得让人窒息，压力排山倒海地倾泻而来，女人再不是简单地相夫教子，而是像陀螺一样转个不停，烦躁也与日俱增，想要寻得片刻安宁，实在不易。不过，世界越乱，就越需要让自己静下来。不管外面多么嘈杂，都要保持内心的宁静，这是一种修养，也是一种智慧，能够帮助人们抵抗风雨，体会绝境逢生的喜悦。身体是你自己的，心情也是你自己的，身体你要自己去管理，心情也要自己去调整。

你要按你所想的去生活，否则，你迟早会按你生活的去想。

刚大学毕业的时候，王紫文跟朋友一起北上，成为了众人口中的“北漂”一族。她们租住在一个面积只有十几平方米的房子里，女孩子本来零零碎碎的东西就多，稍稍放了一些东西，房间就满了。朋友常常感叹当北漂一族太累了，一旦听说周围的哪个朋友买了房，就跟王紫文抱怨生活对自己的不公。而王紫文却不以为然，她觉得自己每天过得都挺充实的，还劝慰朋友不要想太多。她常常说，人就要多体验一下生活，所以没什么不好的。

后来，朋友搬去跟男朋友住了，小屋子里就剩下了她一个人。朋友的离开虽然让她感到有些寂寞，但是她认为可以腾出更多的地方，来安置她那些原来的书籍，所以很开心。她每天沉浸在书的世界里，不需多言，也能过得十分充实。

两年之后，王紫文步入了婚姻的殿堂。她搬离了小屋，随丈夫回到了老家住在了婆婆家的平房里。那里距离她上班的地方有几十公里，每天早上她都要挤公交车，有时还必须站一路，辛苦自然就不用说了。丈夫很心疼王紫文，但她却十分满足，说：“住在乡下多好，空气清新，鸟语花香，每天坐公交车就当是锻炼了。”

之后，她跟丈夫在城里买了一套房子，虽然面积不大，但是方便出行。他们的房子在一层，隔音效果不是很好，楼上的住户进楼的时候，说话声音很大，还有人不自觉地把垃圾放在一层。王紫文对门的女主人，常常为此而心烦不已，与其他住户发生争吵。而王紫文每次都默默地将垃圾清理一下，放到楼外的垃圾桶里，有时会贴个便条提醒一下。看到王紫文清理垃圾的次数多了，楼里的人也开始过意不去，于是倒垃圾也自觉了不少。

王紫文是千千万万个普通女性中的一员，走在街上，也不会有人注意到她。但是她让自己的生活一直处于一片安宁祥和之中。她的所作所为感染了不少人。朋友常说他：“总感觉你不管做什么都不着急，慢条斯理的，让别人也跟你急不起来。”

生活中会遇到各种各样的事情，孤独也好，寂寞也好，我们学会了欣赏和宽容，我们在不同的风景中，磨砺我们的身心。如果在乎的东西过多，那么无疑是对自己的一种折磨。德川家康说过：“人的一生就像背负着沉重的行李走路，急躁不得。”在不同的旅途中，我们在不停地成长。人生四季，我们从懵懂到成熟，从纯真到清澈，从繁华到安宁，从学习、领悟到从容，每一个过程都需要亲自去体会，方能知道前方是沙漠还是绿洲。

在这个繁杂的世界里，难有完美无瑕的女人，也难以找到完美无瑕的环境。如果女人自以为是地沉浸在嘈杂之中，就算身处天堂，也难以感受到平静。有些女人在步入社会后开始学会扮演各种角色，对人说人话对鬼说鬼话。不过这些都不要紧，至少在亲近的人面前，要懂得把面具摘下来，变回真实的自己。想吐槽就吐槽想犯二就犯二，笑就笑得开心，哭就哭得彻底，不要去顾及太多形象。因为那时的你至少是真实有温度的。

去做个勇敢而从容的女人吧，不管遇到怎样的境遇，碰到了怎样的天气，都不生气，不急躁，像花朵一样绚丽绽放，用微笑去迎接明天，去领略生命中的风景，因为世界从来不会亏待你。

* * * * * * * * * * * * * * * * *

心理测试

你是否有一颗焦躁的心？

如果你是童话故事三只小猪中的大野狼，你会采取以下哪种方法来吃掉小猪？

A.模仿猪妈妈的声音哄骗小猪开门。

B.直接用锤子将门砸烂。

C.偷偷从烟囱爬进屋里。

D.等小猪放下戒心之后，再行动。

E.用烟把小猪熏倒。

答案解析：

A.你的焦躁指数40分。通常情况下，这种会采取沟通的方式来解决问题，在处理事情的时候，很有耐心且能够抓住人性。

B.你的焦躁指数80分。这种类型的人做事容易以自我为中心，表面看上去十分成熟，但是内心其实十分幼稚，容易冲动行事。

C.你的焦躁指数55分。这类型的人知道做事情要找到方法，在人生路上，一直慢慢地学习，不断地成长着。

D.你的焦躁指数20分。这种人在看待事情方面已经十分深刻，懂得该追求的追求，该放手的放手，善于用等待的方式去做事。

E.你的焦躁指数99分。通常情况下，喜欢凭着感觉来做事，想做什么就做什么。

第四章

生命力顽强的种子，从不诅咒瘠土

在沟壑起伏的人生里，试着用一颗成熟的心去接受那些暂时无法改变的事实，用一颗乐观的心去对待世上的不公平。

用长远的眼光来看当下的苦难

一朵花凋零荒芜不了整个春天，一次挫折也荒废不了整个人生。

每个人都会经历一些这样那样的难题，让人绞尽脑汁，苦恼不已，女性在遇到一时间难以解决的问题时，往往会开始抱怨，想法也开始倾向负面。其实，遇到这种情况，我们不妨从一个长远的角度来看当下的困难，毕竟命运之轮在不断地旋转，今天带给我们的可能是苦难，是悲哀，但是明天可能就会变成一种喜悦，一种丰富阅历的经验。

在苦难面前，每个人都会觉得难熬，但是如果你能忍耐住一时的苦难，当我们走出这份苦难的时候，回忆起来，自己也会被自己感动，甚至为自己拍手叫好。

要记住没有什么苦难是能够绕过去的，也没有什么苦难是过不去的。眼前的挫折与痛苦，如果用长远的眼光来看，不过是一个让你记忆深刻的时间点罢了，就好像你当年惶恐地认为如果把考试搞砸你就死定了，或者你爱的那个人一旦离你而去你就会孤独至死一般，这些到了后来都被证明不过是自己在吓自己罢了。

我国著名女作家毕淑敏就习惯性用这样的思维来思考自己当下的困难。这一切都源于她年轻时的一次经历。

1969年，刚刚参军的毕淑敏就被通知要跟队友从北京出发前往新疆，经过了6天的奔波，她们最终翻过了天山，到达了新疆的喀什。大部分战友都留在了喀什，但是包括毕淑敏在内的5名女兵接到命令，需要继续坐着大卡车向藏北进发。从海拔3000米到4000米，翻越了海拔高达6000米的界山达坂，最终到达了西藏阿里。

毕淑敏就在这里正式开始了自己的军旅生涯。在阿里地区的军队生活，给毕淑敏留下了深刻的印象。她记得1971年冬天，她所在的军队进行了一次野外拉练。她们要背着红十字箱、手枪、手榴弹以及干粮，一共60斤上路。高原之上，寒风萧瑟，当时的气温只有-40℃。一天凌晨3点的时候，起床号突然响起，她们接到任务：翻越无人区。无人区一共有120里，中途不能停留，必须一鼓作气走完。既然是无人区，条件必然十分恶劣，且没有水，不要说姑娘，就是身强体壮的小伙子恐怕也很难完成。毕淑敏跟她的战友一直走，一直走，走到下午两三点的时候，她觉得自己有些坚持不住了。背上的东西变得越来越重，口干舌燥，仿佛每次呼吸如刀割一般。在这种情况下，毕淑敏只有一个念头，一死了之。

有了这个念头之后，毕淑敏就开始寻找合适的机会，最终，她找到了一个看似特别合适的自杀场所，往下看是深不见底的悬崖，如果跳下去几乎没有生还的可能。不过，在跳之前，毕淑敏看了看身旁的队友，队友离她太近了，如果自己跳下去，很难保证不把队友带下去，她觉得自己死可以，但是不能连累别人。

队伍没有停下来，自杀的机会也稍纵即逝，后来，毕淑敏再也没有找到合适的自杀时机。最终在不知不觉间，她竟然走到了目的地。

到了目的地之后，毕淑敏重新回顾了自己走这段路的经历，然后她明白了一点——没有什么是不能忍耐的，当我们快要顶不住的时候，其实并不是因为困难有多难，而是我们的精神崩溃了；只要我们能够忍耐，重整精神，不怨不怒，就算是万劫不复的时刻，也可以挺过去。

当你从一个长远的角度来看当下的困难时，一切困难就都变得微不足道了。因此不管面对什么样的苦难，都要抱有希望，因为苦难终将过去，而成功就在不远处。

苦难总是在当时看起来不可逾越，一旦过去了，你就会发现那些苦难已经成为了人生轨迹上一个个节点串起来的璀璨项链。等到过去了，你会忍不住说一声："嘿，这些还真不算什么大事。"

有些事情当下看上去仿佛是天大的困难，但是当你从长远的角度来看，就会发现其实并没有自己想象中那么难办。

从长远的角度来看问题，暂时的捉襟见肘，不要总挂在心上，不如让自己先从心烦意乱中解脱出来。等到你让自己站在一个比较客观的角度去审视当下的困难的时候，就可能会豁然开朗，心情自然也就不会那么糟糕了。西方有一句言语：同一件事，想开了是天堂，想不开是地狱。当我们换个角度去看当前的苦难的时候，就会发现那些地狱，不过是倒映的天堂。

种子只有经过埋葬，才能勃发生机

人的每一步都是在书写你的简历，那些感到疼痛的经历，不过是在为你标识刻度。

汪国真曾说："不论是谁，在人生中有时总难免身陷逆境。身陷逆境，一时又无法扭转面临的颓势，那么最好的选择就是暂且忍耐。事物总是在不断地运动和变化，应该在忍耐中等待命运转折的时机。"这句话的宗旨就是告诉我们，在遭受逆境的时候，要学会忍耐，才能达到"厚积薄发"的效果。

女人到了二十几岁之后，就要渐渐明白忍耐的真谛，学会忍耐，毕竟我们都生活在社会中，而这里并不是我们可以随意任性的地方。以前的那些小姐脾气要学会收敛。在人生的道路中，暂时的忍耐并非是怯懦，也不是不要自尊，而是一种力量的积攒。忍耐并非是对命运的屈从，而是对未来的一种铺垫和积累。人能够有所成就往往离不开他的忍耐力，低下你高贵的头颅，收起你自以为是的脾气，在适当的时候做些让步，有时不仅体现了你的素养与气度，更会有利于你之后的道路，让你做一个受人欢迎的女人。

王淼大学毕业之后，第一个工作是在一个研究室当研究员，每天有一半的时间是在跟各种材料打交道。不仅工作时间长，而且相当枯燥无味。作为一个刚20出头的女孩，因为工作要求，她必须每天穿着白大褂，不能化妆，这让爱美的王淼心里有些抵触。没干几天，跟她一起进入公司的其他几个大学生纷纷辞职，但是她最终想了想，还是坚持了下来，每天认真工作，不放过每一个细节。

其实从王淼第一天入职的时候，父亲就教导她，不管做什么事情，都是一个由低到高的积累过程，没有一蹴而就的成功。因为要学会忍受工作中的枯燥、烦闷，所以从那天起王淼就不断告诉自己，要踏实地工作。结果没到半年，她就因为研究结果获得了国家级的奖项，从而升为了研究室的中层领导。上级对她的评价是：吃苦耐劳，踏实肯干，是个不可多得的人才。

认真对待眼前的每一件事，即便这件事让你觉得头疼或者过于简单，也要力争将这件事做好的人，必然会受到青睐和器重。对于刚刚步入社会的女性而言，想要获取成功，就需要先历练自己的心态，让自己浮躁的心沉静下来，有从头开始的勇气，以及做好眼前事物的踏实态度。

刚刚步入社会的时候，有些求职者总是觉得自己有高学历，就开始自命清高，好高骛远，小事不愿做，大事做不了，以至于常常抱怨，说别人不识人才，说自己空有一腔热血，没有发挥的地方。但是不要忘了，“不积跬步无以至千里”的千年古训，成功是一点点积累的，因此我们要学会忍耐那些做小事默默无闻的时光，毕竟不管是怎样的成功，都没有一夜成名，只有百炼成钢。

每个人都希望能够获得成功，干一番大事业。而能否成功关键在于一个人是否有着良好的心理承受能力，也就是在困境中的忍耐力。能够走向成功的女人，往往都有着理智、冷静、耐心的特质，可以找到克服困难的方法与途径。忍耐显得死板而生硬，很多人都对这种不够激情的状态有所鄙视，激情可以促进事物的变革与突破，而忍耐却能够彰显力量。

成功从来没有捷径可走，需要的是稳扎稳打的实力。就算你天赋异禀，如果不去锻炼，不去积累经验，也无法获取成功。

忍耐的目的是为了锻炼自己，磨炼自己，而并非在失败之后泄气。忍耐是一种理智，是一种涵养，是一种美德，是一种成熟，一种厚积薄发。女人会因为忍耐而变得温柔，卢梭说："真正的赢家是能忍耐者，忍耐是痛苦的，但它的果实是香甜的，学会忍耐，你将受益一生。"

煎熬、磨炼、挫折，这些都是成长路上的必修课。女性要记住种子只有经过埋葬，才能散发生机。不要因为暂时的困境而自怨自艾，那些困境可能是你成长必须具备的土壤，你要忍受土壤的覆盖，才能生根发芽，最终开出美丽的花朵，结出香甜的果实。

* * * * * * * * * * * * * * * * *

优雅的女人会把伤痕笑成酒窝

要想走出阴影，就要学会面对阳光微笑。

莎士比亚曾说："女人，你的名字是弱者。"其实不然，优雅淡定的女性从来不是楚楚可怜的弱者，相反，她们的身体里往往藏着难以估量的巨大能量，这能量完美地将女人的柔弱与坚强结合在了一起。

世界上很多事故都源于无端的争执，为了逞一时之快，拥有了匹夫的勇气，最终难免会铸成大错。如此一来不仅害人，还会伤及自己。因此凡成大事者，往往能够不拘小节，懂得忍耐。

生活中的冷遇，可能会让你很受伤、很委屈，越想越为自己打抱不平，然而上天从来都是不公平的，但是这种差异性并不影响你成功活出自己。与其每天舔伤口，或者用暴力的手段去对抗，来个以牙还牙，不如贴上个创可贴，静下心来思考如何完善自己，成就自己。

对心理承受能力弱的女人来说，怨气会让她走向失败；而对于心理承受能力强的女人来说，怨气会转换为志气，让她们把伤痕笑成酒窝。

受委屈确实是一件让人很难受的事情，那种有理说不清的不公平感像一块石头一样积压在心头，让人们甚至连呼吸都觉得不那么畅快了，因此在受委屈之后，很多人都会将自己逼到精神消极的角落里，无法自拔。这时候容易开始怀疑别人，从而产生排他心理，这对我们以后的发展是极其不利的。因此我们要找到自己委屈的根源，认真思索，理智对待。因为有时候，当你冲动地找他人讨说法的时候，你已经输给了对方。一味地生气有时只能彰显我们的无能，优雅淡定的女人会将对方带

给自己的伤痕转化为一种前进的动力，通过努力证明自己并没有错，让那些看不起我们的人自动闭上嘴巴，竖起拇指。

她是一个小镇上远近有名的妙手仁医。她的外貌并不漂亮，甚至有些丑陋。她曾哭着问母亲，自己是不是捡来的，为什么自己会长得这么难看。母亲心痛地将女儿搂进怀里，告诉她说："宝贝，你是上天赐予我们的礼物，而不起眼的外表正是帮你找到真爱的条件。真正爱你的人是不会觉得你丑的。"

就是这么一句话，她的心结打开了。她觉得自己必须要做点什么，让自己足够有吸引力，让别人爱戴。念小学的时候，她每天都会在上学路上捡垃圾做好事。虽然老师、学校曾经多次在公开场合表扬她这种行为，但是同学特别是同桌总是嫌弃她身上"有怪怪的味道"。其实她是很讲卫生的，不可能有什么怪味的。但是她为此消沉了很久，甚至开始惧怕上学。

上中学的时候，有次她帮助一位盲人过马路，随后一个念头突然涌上心头。她几乎跑着回的家，刚一进门，她就抓着妈妈的手说："我要进盲校读书。"对于孩子突然的提议，妈妈感到很疑惑，"因为，因为那里的同学都是盲人，我学成之后，可以留校当老师。"听完女儿的解释，妈妈了解到，孩子的心病还没有根除。一时之间也不知道如何开导女儿。就在这时候，外面突然热闹起来，跑出去一看，才知道原来是有一位病人给邻居王爷爷送来了锦旗。看到这儿，妈妈将女儿叫了出来，说："我觉得你的想法太天真，很难实现，不如好好学习，跟邻居王爷爷一样，当个医生，让大家需要你、喜欢你。"女儿也觉得妈妈的提议不错，于是开始以当医生为目标，发奋读书。

转眼七年过去了，她成为了国内一家著名医科院校的学生。在学校学习期间，她品学兼优，多次拿到了学校的奖学金。结束大学生涯之后，她便回到了家乡，成为了一名医生。她医术高超，而且为人和善，有时甚至会为家庭条件不好的病人垫付药费，人们从来不会去在意她的容颜。28岁那年，她步入了婚姻的殿堂，在结婚仪式上，她的爱人大声地说，她是他见过的最漂亮的新娘。

她就这样过着过着，把那些“伤痕”笑成了“酒窝”。

几乎所有人的人生都并非是一帆风顺的。虽然我们无法捉摸命运的变数，但是我们可以选择如何去面对这些变数。当受到别人的嘲笑、伤害的时候，不妨学学上面案例中的女孩，承受住压力，不断地去完善自我，去证明自己的实力，最后得到众人的认可。

人与人并没有太大的本质差别，既然别人可以成功，那么你也可以成功，因此只要你能有坚强的意志，面对不公而不发火的耐性，就能够进一步完善自己，去写一段属于自己的传奇。

* * * * * * * * * * * * * * * * *

种下一份宽容，收获两份喜悦

得理不饶人看起来像获得了胜利，其实是输了自己。

俗话说：“有理走遍天下，无理寸步难行。”这是人际交往中，人们默认的一个准则。理亏的时候，做事容易受阻；而得了理，你要如何运用呢？

在现实生活中，经常看到虽然占了理，但是却总是得理不饶人的人，她们会站在道德的制高点上，颐指气使地批评别人。结果被批评的人，要么毫不买账，言行举止反而变本加厉；要么口服心不服，心中埋下了仇恨的种子。

在这个纷繁的世界里，每天都会遇到不同的事情，可能无法做到事事顺心。理在你手上，并不意味着你能够左右一切。不可否认，以理服人才能让人信服，但是就算有理，也要学会适可而止，不然只会激发反效果。

《菜根谭》中说："途经路窄处，要留一步让别人先行，这才是涉世的安乐法。"在狭窄的路口处让别人先行，自己退让一步。表面看，好像自己吃亏，但实际上，如果彼此都不相让，势必两败俱伤，倒不如互相宽容，对大家都好。

凡事都要争个谁输谁赢的做法是不可取的，有时候还可能会带来很多不必要的麻烦。当你被人误会或者被人指责的时候，有时候你的解释或者还击，只会让事情越描越黑，到了最后，可能有理也变成没理了。最好的解决方法就是要将心胸放宽一些，忍耐一下，事情可能就会朝着你期望的那样发展了。

在一家咖啡厅里，顾客们正享受着午后的休闲时光。突然，一位男顾客打破了闲适的氛围，带着怒气大声喊道："服务员，过来一下！"听到喊声的服务员马上走到了对方跟前，还没等她询问，男顾客就怒气冲冲地对服务员说："你看看你们的牛奶，都变质了，看看都结块儿还卖，白白糟蹋了我一杯红茶！"服务员一边微笑，一边道歉说：“抱歉先生，我马上就给您换一杯新的。”

很快，服务员就端上了一杯新的红茶和一杯新鲜的牛奶。之后，服务员微笑着说：“先生，我能否给您提个建议，如果想要放柠檬，就请不要加牛奶了。因为柠檬酸会让牛奶结块，造成牛奶看起来像坏掉一样。”说完，服务员就离开了。男顾客这才知道自己之前错了，一脸通红，端起茶杯，强装镇定地喝了两口，就起身拉着女朋友离开了。

在角落里，刚刚那位服务员的同事愤愤不平地说：“明明是他错了，还大喊大叫地影响其他顾客，你为什么不直接回击他，让他当众出丑呢？”“正是因为他大喊大叫地把其他顾客都吸引过去了，因此我必须用委婉的方式来跟他说，不然不就吵起来了吗？更何况，道理一说谁都能明白，不用大声去说。理不直的人，常常用气壮来压人。理直的人，会心平气和地跟人交朋友。”

在产生矛盾和纠纷的时候，如果仗着自己有理就跟对方吵得不可开交，那么即便最后你赢了，也是毫无意义的，因为你永远无法得到对方的好感。

凡事都应当学会给人让一步，给人留下余地，不可将人逼到绝处，不然很可能会引起对方的愤怒。“狗急跳墙”、“兔子急了也咬人”之类的俗语，大家肯定都是知道的，那何不在得理之后选择让一步呢？

在得理之后，选择退一步不是懦弱、不是胆怯，而是一种坦然和释怀。明代学者薛楦说：“让步是一种喜悦，被别人宽容是一种幸福。惟宽可以容人，惟厚可以载物。”退一步其实就是凡事不生气、不苛求、不极端、不任性，有利于人际交往，同时还有利于自身的身体健康，更能增加自身的道德修养。因此，优雅淡定的女人在待人接物的时候，要善于去发现对方的长处，不要总是揪着对方的一些小错不放，更不能意气用事，得理不饶人，要学会有理让三分。

* * * * * * * * * * * * * * * * *

经得起重力拉扯的弓，才能击中远处的猎物

只有经历了常人承受不了的苦难，才能让自己从一粒沙子淬炼成一颗珍珠。

比尔·盖茨说：“生活是不公平的，你要去适应它。”只有适应了当下的环境，才有机会去改变自己的处境。

在面对现实中出现的一些不如意时，女性往往会选择逃避，或者怨天尤人，可是这样的应对方法并不能让她们摆脱这种不公平。一个只知道去抱怨生活的人，往往无法感受到生活的乐趣，反而会让自己一直消沉下去。

如果想要改变生活中的不公，想要得到自己理想中的公平，女人们就要像比尔·盖茨说的那样“去适应它”。适应也就是一种忍耐，忍耐不公平，正确看待不公平，然后在这个基础上用自己的能力尽量去改变现状。

J.K.罗琳从小就喜爱英国文学，尤其喜欢写作与讲故事，而且一直都没有放弃过。

大学毕业之后，罗琳独自一人前往西班牙发展。在那里，她与当地的一名记者相爱，并很快步入了婚姻的殿堂。但是当爱情的热潮褪去，双方的矛盾就慢慢浮现了。丈夫也开始暴露自己丑恶的真实面目，他经常殴打罗琳，还不顾她的哀求将她赶出家门，于是二人的婚姻就走到了尽头。

离婚之后，罗琳就带着只有三个月大的女儿回到了英国，住在爱丁堡一个没有暖气的小公寓里。

刚经历一个失败的婚姻，工作也没有，再加上嗷嗷待哺的女儿，罗琳的生活可谓是糟得不能再糟了。她不得不依靠救济金来维持生活，为了能够让女儿吃饱，自己不得不经常饿肚子。

不过，面对这些生活的不公，罗琳并没有抱怨。她从来没有动摇过自己的信念，她坚信自己终有一天，能够靠自己手中的笔来为自己带来幸福的明天。用她自己的话来说："或许是为了完成多年的梦想，或许是为了排遣心中的不快，也或许是为了每晚能够把自己编的故事读给女儿听。"因此，她从早到晚都在写作，有时为了能够节省电费，她会一直待在咖啡馆里。

就这样，她的首部作品《哈利·波特》诞生了。很快，这部充满了魔幻色彩的作品就得到了孩子和大人们的喜欢，引爆全球，创造了出版界的一个奇迹。她的作品被翻译成了几十种语言，在上百个国家和地区发行，引起了全世界的轰动。

不可否认，命运绝对是不公平的。绝对的公平是根本不存在的，因为世界就是根据不公平的原则而创造的。正是在不公的命运面前学会了忍耐，J.K.罗琳才能够用坚持与努力去战胜不公平，为自己创造了一个精彩绝伦的人生。

面对生活的不公平，我们要学会忍耐。因为不管你厌恶也好，憎恨、抱怨也罢，都是无济于事的，只会让你越来越痛苦。在优雅淡定的女人眼中，生活给予她们的并非都是苦不堪言，她们会去感激生活赐予自己的一切。

每个女人都可能会遭遇这样或者那样让她感到痛苦的事情：结束一段刻骨铭心的恋情、亲人的突然离世、事业遭遇困境……在这些不幸面前，很多女人都会不知所措，整日沉浸在沮丧之中，丧失了乐观的天性。

其实，聪明的女人懂得适时地安慰自己，让自己从积极的方向思考，能够适应生活中的不公平，学会转换心情，乐观地去看待一切。

有一位名叫伊丽莎白·唐莉的母亲，她的独生子在“二战”期间牺牲在了战场上。

儿子是她唯一的亲人，也是她一直以来的精神寄托，儿子牺牲的消息给了她很大打击，让她的精神几近崩溃。她无法接受这个事实，觉得自己生活在这个世界上的唯一希望都被残酷的现实给剥夺了。

从得知儿子牺牲的消息之后，她每天都过得浑浑噩噩，郁郁寡欢，工作没有干劲，后来干脆辞了职，离开了那个到处都残留有儿子生活过的痕迹的家乡，准备到一个无人知晓的地方荒度此生。

然而，就在她为了离开整理物品的时候，突然在一个箱子里发现了一封没有拆启的信件，那是她的儿子在刚到达前线之后写给她的。她激动不已地拆开了这封信，信里写着这样的一段话："妈妈，请您放心，我永远都无法忘记您对我的教导。不管我在哪里，不管我会遭遇怎样的灾难，我们都要勇敢地去面对眼前的生活，像真正的男子汉那样，用微笑去承担一切的不幸与痛苦。我将会永远以你为榜样，心里永远地保留着你的微笑。"

当她读完了这封信，顿时就湿了眼眶。然后她又擦干眼泪，将这封信读了一遍又一遍，她仿佛感受到了儿子就站在自己的身边，观察着自己的一举一动，并用眼睛一直注视着她，向她问道："亲爱的妈妈，为何你不能按照你教给我的那样去做呢？"

随即，她就突然醒悟了过来，她对自己说："告别痛苦的手只能由自己来挥动，我应该像儿子所说的那样，用微笑来掩埋痛苦，继续快乐而自由地生活下去！我不能让我人生的最后几年都被痛苦所埋葬。"

于是，从那天起，她就开始以一种全新的姿态去面对生活，开始寻找自己生活的乐趣。后来她发现创作可以给自己带来快乐，于是就开始着手创作，最终成为了美国的知名作家。

其实，不管在怎样的情况下，人们都有两种选择的机会，要么以乐观的心态去面对，要么以悲观的心态去承受痛苦。天性乐观、心胸豁达的女人，往往能够以一种坦然的心情去面对即将到来的事情。在她们眼里，即便自己处于地狱之中，也要有抵御地狱的寒冷的勇气；而对于那些悲观沮丧、心态消极的女人来说，用消极的眼光去看待，只会让自己在悲伤之中越陷越深。

* * * * * * * * * * * * * * * * *

强者不是没有眼泪，而是会含着眼泪奔跑

每个人都是世界上最特别的那朵花，经过汗水灌溉才能让色彩留下。

一帆风顺的人生几乎是不存在的，因此女人要学会独立朔漠，以寒风为衣，以贫瘠为帽，以荒芜为剑，忍受着世间一切痛苦的侵袭。在内心强大的女人看来，嘲笑是最不构成威胁的举动，而对于内心脆弱的女人看来却是世上最具有威胁的行为。

当落叶归于土壤，曾经的嘲笑会转化为肥沃；当青虫化茧成蝶，曾经的嘲笑都化为绚烂多彩；当凤凰冲出烈火，曾经的不屑转化为了一种伟大……

在美国德克萨斯州，有一个叫作丽兹·维拉斯奎兹的女孩，成为了网上的名人。

丽兹出生于1989年3月13日，由于是早产儿，她出生时只有1.19公斤。当时医生都不明白，她为什么能够幸存下来。丽兹天

生就患有一种罕见病，不管怎么吃都不胖。或许这是很多女孩的梦想，但是对于丽兹来说，这无疑是一场噩梦。到了2岁时，她的体重也只有6.8公斤，相当于一个5个月大婴儿的平均体重。为了能够长胖，医生建议丽兹吃大量脂肪和糖。2013年，21岁的丽兹每天要吃上60顿饭，每隔15分钟就要吃一餐，但是依然收效甚微，她的体重只有25公斤，相当于8岁女童的重量，体脂几近为零。

除了身形骨瘦如柴，丽兹身上还存在着诸多生理缺陷，还引发了很多大小病症。4岁的时候，她的右眼视力变得模糊，最终完全失明；16岁时盲肠穿孔，差点丧命；19岁时因红血球无法正常复制，严重贫血。

上高中之后，丽兹开始交朋友，并慢慢接受了自己的外貌。不过，由于体型过瘦，身上几乎没有脂肪，让丽兹看上去就像是带皮的骷髅，因此她也常常被人嘲笑着称为“骷髅女孩”。

17岁的时候，有人在网上上传了一部名叫《世界最丑女人》的短片，该影片点击率逾400万次。丽兹后来才发现自己竟然是这部短片的主角。之后她遭到了网络暴力，有网民留言说：“她真的太丑了”“她的父母为什么还要她？”“用火烧死她”，还有人说让她去自杀……

这些嘲笑和侮辱，让丽兹消沉了一阵子，整天以泪洗面。不过她后来走出了这种消沉的情绪，决定要勇敢面对。她努力学习，最终成为了一名出色的演讲师。2013年，她站在TED的讲台上分享了自己的个人经历，还出了两本畅销书。

为了让更多人知道这种疾病，她还建立了自己个人的网络频道和个人网站，此外，她还致力于拓展反欺凌工作，游说国会议员通过首项反欺凌法案。

面对他人的讥讽与嘲笑，丽兹忍耐了下来，让自己的心境从一只丑小鸭变成了美丽的天鹅。在追求美好的路上，有时候挫折和嘲笑都是难免的。面对讥讽与嘲笑，优雅淡定的女人会将它踩在脚下，而懦弱脆弱的女人则容易被它击垮。

很多时候，当别人的嘲讽向我们袭来的时候，难免会不知所措，这时候，我们不妨以更加自信的态度去化解。当你自信地去展现自己的时候，你就成了黑夜里的一束光，让人忍不住地去注视，去感受你的光亮。即便没人认可，但是至少你对得起自己，毕竟你活着并不是为了让别人评价的。

广州姑娘曾晶，身高1.6米，体重却有220斤。过于肥胖的体型，让她受尽了人们的冷嘲热讽，有人会说："都长这样了，就别出来吓人了。""你还真是一个吉祥物啊"……

面对这些冷嘲热讽，曾晶不仅不为所动地大大方方地出门，还有一个远大的理想——当模特。她立志要成为"中国第一肥模"。为了能够实现这个理想，她还跑去拍了肥模写真，然后将照片发到了网上。

曾晶天生很有镜头感，她的写真风格多变，有的沉着冷艳、有的妩媚动人、有的活泼、有的火辣。除了照片中散发着迷人的自信之外，在言谈举止中，人们更能感受到曾晶的自信，她曾说："我从不在乎别人怎么看，健康、快乐、幸福最重要。"

之后，国内各大论坛网站纷纷转载了她的写真，其中最火的一个帖子点击量高达46万，随即曾晶的自信也得到了网友们的大力支持。

在人生这条道路上，难免会遭到别人的嘲笑。面对嘲笑，自信的女人不会自怨自艾，而是会以一颗平常心去面对。

面对嘲笑保持平常心，是人们对自身有着深刻的了解的表现。能够做到这一点的女人，往往能懂生活，做事张弛有度，拿得起、放得下，不会因为一点儿小事就一直耿耿于怀。在人生的道路上，让自己随时保持自信、乐观开朗，则是女人最大的美丽。

* * * * * * * * * * * * * * * * *

上天以痛吻你，你要学会报之以歌

面对逆境，你若忐忑，造访者就是恶魔，你若平静，那就是天使。

泰戈尔在一首诗中写道：“世界以痛吻我，要我报之以歌。”其实现实生活中，很多人都有着这样或者那样的不幸，我们可能无法改变这个痛苦的现实，但是却可以选择以一种积极的态度去面对它。

2004年，在雅典残疾人奥运会闭幕式上，中国残疾人艺术团聋人舞蹈队表演的《千手观音》一上场就震惊全场。领舞的人叫邰丽华，她长得十分漂亮，但是从两岁起她的世界就没有了声音，是个聋哑人。

邰丽华两岁的时候，因为一场高烧失去了听力。没过多长时间，她原本甜美的声音也随即消失了。从那之后，她就陷入到了无声的世界，自己却茫然不知。为了能够治好她，父亲带她辗转到各地去求医问药，但是最终还是不见好转。到了7岁的时候，父母只好将她送进了聋哑学校学习。

面对身体上的残缺，邰丽华并没有自怨自艾，更没有去不断地纠结。她觉得自己就像是一朵花，虽然开得无声，但是只要自己努力去绽放，总会有一个美丽的人生。

在学校，有一门特殊的课程——律动课。老师踏响木地板上的象脚鼓，将震动传递给岸上的学生，让他们清楚什么是节奏。邰丽华很喜欢这种感觉，全身心地感受不同的震动，而电视里的舞蹈节目，更让她充满想象，跃跃欲试。后来，邰丽华在舞蹈方面的天赋被一名老师发现，开始着手对她进行舞蹈训练。

开始接触舞蹈的邰丽华仿佛找到了可以照亮自己生命的那束光。她知道，自己没有语言能力，但是舞蹈也许会成为自己的一种语言。13岁的那年，邰丽华独自一人来到武汉上中学，开始在一些场合崭露头角。15岁那年，中国残疾人艺术团的艺术家们选中了她，让她在该团学习舞蹈。

开始在艺术团学习的时候，邰丽华的基本功是最差的，甚至连踢腿都不会。后来她通过自己的不懈努力与天赋，成功地在众多舞者中脱颖而出，获得了一个又一个舞蹈大奖。如今的邰丽华，不仅是中国残疾人艺术团的台柱子，更是中国特殊艺术协会副主席，全国青联副主席。

生命是何其美丽，又是何其脆弱。生理的不幸可以折磨着我们的身体，但是却无法打垮我们的意志。我们应当像郜丽华那样，不仅要学会自信与坚强，更要学会感恩生活。

面对生理的缺陷，我们一味地怨天尤人，或者自暴自弃，都是不正确的。我们应该做的是要能够心平气和地去接受它，面对它，将它转化为生命的动力。

被誉为“世界剧坛女王”拉莎·贝纳尔在一次表演的时候，不小心从甲板上滚落，腿部严重受伤。由于腿部的伤情过于严重，医院建议锯腿。当要进入手术室锯腿的时候，她突然念起了自己演出时的一段台词。围观的记者们都以为她是为了让自己过于紧张的情绪放松下来，可她说：“不是的！是为了给医生和护士们打气。你瞧，他们是不是太严肃了？”面对命运带来的不幸，拉莎·贝纳尔没有抱怨，也没有焦虑，她学会了坦然去面对现实。

哲学家威廉·詹姆斯曾经说过：“完全接受已经发生的事，这是克服不幸的第一步。”接受无法改变的现实，然后才有可能迈出明天的步伐。拉莎·贝纳尔在结束手术之后，虽然再也无法演戏了，但是她还能演讲。她的演讲，让她的戏迷再次为她而鼓掌。

拉莎·贝纳尔在面对无法改变的命运时，让自己跳出了焦虑、悲伤的圈子，选择了心平气和的接受，然后想方设法地去改变。

几乎没有人的命运是可以一直一帆风顺下去的，当你与不幸狭路相逢的时候，你只有一个方法，就是心平气和地去接受它，然后再想方设法地去改变它。不要自怨自艾、不要怨天尤人，可能发到你手上的是一副烂牌，只要用心，相信你就能赢。

心理测试

你的忍耐力有多大?

一个女人想要在生活和事业上获得成功，就必须具备超强的忍耐力。我们不妨根据以下的测试了解自己的忍耐力有多大。

在一辆拥挤的公交车上，你紧挨着一个猥琐的人，你认为他会对你做以下哪个举动?

A.摸你的臀部

B.摸你的胸部

C.暴露自己的私处

D.给你看很色情的照片

测试结果

选A：你的忍耐力一般，也就是说你可以忍受一些小刺激，但是如果刺激过大就会让你陷入到“死机”状态。你的脾气也是如此，如果受点委屈还能忍受的，但是超过了一定程度，就会暴跳如雷。

选B：你的忍耐力很强，绝对是泰山崩于前而面不改色。你能考虑到很多其他人没有考虑到的问题，尤其是一些哲学性问题。总而言之，你真实的个性要比你所表现出来的成熟得多。

选C：你是一个特别情绪化的人。一点点小事都容易触发你的情绪，让你眼泪汪汪。所以你要学会控制自己的情绪，不然就易放难收，残酷的世界可能会让你活得很辛苦。

选D：你的忍耐力不是很强，但是意志力很强，因此可以用意志力来控制忍耐力。通常来讲，这种人的脾气比较倔强，但是思考方式比较偏向悲观，因此内心虽然十分纠结，但是表面上却总是呈现一种积极向上的态度。

第五章

心中若无烦恼事，便是人生好时节

很多东西当放下就放下，不管是痛苦的回忆，还是攥不住的幸福，只有学会放手，才能迎接一个新的世界。

不属于你的东西，要学会优雅地放手

生活没有如果，只有后果跟结果，因此不要总在爱情里设置太多如果。

陷入到爱情里的女人都是情痴，会飞蛾扑火般地去追逐自认为的那份光亮，到头来把自己搞得精疲力尽。看过太多太多的痴情故事，因为太过于痴情，有时候会让女孩子们在爱情里丢了自己，丢了理性，一旦男孩子无法回应她的这份痴情，她很可能会从天使瞬间转变为恶魔，不仅伤害自己，还会伤害他人，即便没有做出什么出格的行为，也会因为不撒手，延误了自己的幸福。

爱情就像是坐车，如果发现自己坐错了站，就应当及时下车，而不应当将错就错下去。不然，将会延误你去寻找真正的幸福。

曾经听说过这样一个美丽的故事，应该是仿照席慕蓉的《一棵开花的树》这首诗而写的：

有一位美丽动人的女孩，家境优越，多才多艺，贤良淑德。

当女孩到了适婚年龄的时候，上门求亲的人络绎不绝。但是都被女孩拒绝了，因为她还不想结婚，她觉得还没有遇到命中注定的那个人。

直到有一日，女孩跟随母亲到庙会散心，在拥挤的人群中，她对一名年轻的男子一见钟情，她马上意识到那个男人就是自己一直要找的人。女孩想要上前搭话，但是由于人太多了，当她挤出人群的时候，男子已经消失不见了。

后来，女孩一直在寻找那个男人，日日祈求佛祖，希望能够再见到那个男人，她的诚心最终打动了佛祖。

佛祖问她："你真的想要见到那个男人吗？"

女孩毫不犹豫地回答："想，我只想再见他一眼。"

佛祖听后，点了点头，随即问她："那你可愿为此放弃你拥有的一切，包括爱你的家人和现在无忧无虑的生活。"

女孩依然毫不犹豫地说："我愿意！"

佛祖听后，接着问道："好，你必须修炼五百年，才能见他一面，你可愿意？"

女孩说："我愿意！"

随即，女孩就变成了一块石头，躺在无人问津的荒郊野外，经历了快五百年的风吹日晒。对于这些痛苦，女孩都愿意承受，但是最让她难以忍受的是，在这近五百年的时间里，没有看到一个人，看不到一丝希望，这让她几近崩溃。

终于熬到了最后一年，一个采石队来了，她被搬进了城里，成了一座石桥的护栏。

石桥建成的首日，她就看到了她等待了五百年的那个男人。

他行色匆匆，仿佛有什么急事要处理，快速地穿过了石桥。丝毫没有留意石桥的护栏。就这样，男人又再度消失了，佛祖再次出现在女孩面前。

佛祖问她："可满意了？"

没想到，女孩更不甘心了，带着埋怨的语气说道："不！完全不，为什么我只是桥的护栏？如果我被铺在桥的正中，我就能碰到他了，能让我摸一下他！"

佛祖看着女孩，叹息一声，问道："你想摸他一下？那你还要修炼五百年！"

女孩依然毫不犹豫地答应下来。

佛祖最后询问道："你吃了这么多苦，真的不后悔？"

女孩回答说："不后悔！为他做任何事，我都不后悔。"

后来，女孩就变成了一棵树，每天伫立在熙熙攘攘的道路旁边。经过了五百年，男孩再次出现在女孩的视线范围内，他穿着白色的衬衫，脸还是那么俊美。由于天太热了，他就躲到了这棵树下。也许是赶路太过疲惫，他很快就靠着树睡着了。女孩无法告诉他，自己这千年来的执着与相思，只能尽力舒展枝叶，为他挡住热辣的阳光。男孩睡醒之后，就拍拍身上的土，又一次消失在女孩的视线范围内。

就在男孩消失在她的视线的那一刻，佛祖又出现了。

佛祖问她："你是否还想要当他的妻子？如若那样的话，你还需要修炼……"

还没等佛祖说完，女孩就平静地说："我是这么想过，但是不必了。"

佛祖没有料到女孩会如此回答，不禁“哦？”了一声。

女孩接着说：“这样已经足够了，爱他，也并非一定要做他的妻子。他如今的妻子也像我这样受过苦吗？”

佛祖微微点了点头。

女孩在得到答案之后，笑了笑，仿佛放下了一切。就在这时，她发现佛祖松了一口气。

女孩不禁问道：“您可有什么心事？”

佛祖笑着说：“这是你做过的最好的决定，因为有个男孩可以少等一千年了，他为了能够看你一眼，已经修炼了两千年。”

故事美丽动人，但是我们也不难从故事中读出一些东西。人生漫长，沿途会出现很多风景，其中不乏那些让你怦然心动，流连忘返的景致。然而，并非所有的景致，你都可以独占，有些风景你只能路过，只能欣赏，然后继续去走属于自己的路。

生活中的一些东西，如果原本就不属于你，不如优雅地放手。放下一个不属于你的爱人，放下一段没有结果的感情，放下一份不切实际的梦想，一些求而不得的物质，拔掉一直扎在自己心头的那根钉子，才能收获一段专属于自己的爱情，一个会开花结果的梦想，一些触手可及的幸福，让自己自由地走出自己的步伐，迎接自己的未来。

* * * * * * * * * * * * * * * * *

失恋之后，不报复爱情，更不苛责自己

失恋是以痛苦为代价而收获的一笔宝贵的财富。

爱情，向来都是需要小心轻放的，一不小心打碎了，就很难再恢复成当初那般完美无瑕的模样。一些女人却总是抓住爱情的碎片不放，到头来不仅无法让爱情恢复到原来的模样，还可能被碎片刺伤了手。当爱情如鸿雁一般飞过我们的生命，无法挽留的时候，我们要学会的是放下。不要让爱情远去的跫音一遍一遍敲打自己心灵的台阶。

很多女人在分手之后，都会陷入到一种自我设想之中，在看到美丽的春景时，会设想自己如果当初没跟对方吵那个架，现在会不会依然甜蜜地坐在某个公园里跟着对方欣赏落花；在看到某个数字时，会设想他生日那天，自己要送给对方怎样的生日礼物；在听歌的时候，会设想他如果还在身边自己会不会还依偎在身边甜蜜地一人一个耳塞……

在失恋之后，女人的记忆总是一遍一遍地回放，用回忆来安慰自己，也用回忆来折磨自己。

因为失恋太过痛苦了，所以会有女孩不断地去追问对方分手的原因。可是分手之后去追问分手的原因是世上最愚蠢的行为。因为不管原因是什么，到头来都无非是三个字：不爱了。

其实，女孩子去追问分手的原因，并不是真的想要这个答案，只是觉得憋屈罢了，想要讨个说法。讨个说法的背后，无非是要让对方认个错罢了。对方认了错又能怎么样呢？

其实，失恋之后痛苦是正常的生理反应。如果你不痛苦，反而比较奇怪，至少证明一点，就是你根本就不爱对方，那也就不用讨论失恋这个话题了，因为你根本就没恋过。对人类而言，失去永远比得到更容易让人情绪激动。心理学实验证明，当一个人平白无故得到100元与无缘无故地丢失100元相比，丢掉钱的难过要远超得到钱的喜悦。即便这两件事同时发生。

因此失恋的女孩子们特别容易情绪化，被负能量所包裹。以前有部电影叫《失恋33天》，里面有个概念是说女孩子从失恋到走出心理阴霾需要33天。其实，33天太过于理想化了，很多女生失恋之后，可能330天还在自我纠结之中。这是因为20多岁的女孩子所经历最为难熬的负面情绪大概就是失恋。大多数女生对爱情充满了幻想，因此会在感情中更依赖男性，时间越长，越难以放下。

人总要有两次长大，第一次，是当你发现自己力不从心，不再是世界的中心的时候；第二次，便是失恋。失恋会让一个人迅速长大，所以也并非是什么坏事。

在失恋中，很多女人不能正确地处理自己的情绪。狠一点的女人会去报复对方，弱一点的则会惩罚自己。她们选择了一种错误的情绪发泄方法来让自己从失恋中解脱出来，但是不管是哪样，都难以让她们真正走出失恋的阴霾，而是在情感的迷宫里，越走越远。

失恋中的女孩，就像是行走在无尽的沙漠之中，背着重重的财宝，却舍不得放手，因为总觉得这些财宝十分重要，但是不管你怎么挣扎，最终都要丢下这些财宝，不然你无法走出这片沙漠，你会死在里面，而且死得一点也不体面。

所以不要总去挂念那段已经失去的爱情，让它随风消逝，远比背着轻松很多。话虽如此，但是人毕竟是感情动物，那段相守的时光又如何是说放下就放下的呢？我们这里只是告诉姑娘们，不要在失恋的情绪中沉沦太久，要学会理智地处理失恋。

其实失恋这件事处理起来并没有想象中那么困难。因为失恋本身就是一件稀疏平常的事情，就像是吃饭走到了食堂，突然间没了胃口，不想吃了，或许突然想到有一家新开的店不错，想去尝尝。恋爱与失恋就是这么一回事。

失恋了，

千万不要去责怪爱情，不要说什么“我再也不相信爱情了”之类的话。因为爱情从未向你保证过什么。

其实，女孩总声称放不下对方，但是却总是混淆真实的对方和自己臆想中的对方。也许过一段时间，你就会发现，你一直念念不忘的那个人，不过是你臆想中的对方罢了，而并非是真正的对方，或者说只是对方的某一个方面而已。

时间其实是帮助女人们走出失恋情绪最有效的灵丹妙药。刚分手的女孩总会认为自己会为此痛苦一辈子，至少要痛苦几年。其实，失恋像生病一样，总有痊愈的一天。

爱情，并非是你的世界的全部，在你没遇到对方之前，你不是过得很快乐吗？也许，在某个时间点上，他确实让你的生活更加美丽多彩了一些，但是绝不会因为少了这一点色彩，你的生活就继续不下去了。在爱情里，没有谁是不可替代的。正是由于如此，我们才去经营爱情，不然就会被替代。但是如果你经营失败了，就要学会放手。蔡康永曾经说过：“上段恋情，全心投入，结果重伤。于是这次恋爱怕受伤，就很保留。这意味着：上次那个伤你的烂人，得到最完整的你，而这次这个发展中的情人，得到个很冷淡的你。我知道你是保护自己，但这若是做生意，你这店一定倒的。永不再来的恶客，得到最好服务，而新客上门，却备受冷落，这店怎么不倒？不过我相信，你不会轻易地、随便地去谈一段恋爱，你会更有耐心地等待适合的人出现。”

学会放下曾经视如珍宝的感情，才能拥有更加珍贵的东西。优雅的女人，与其让自己沉浸在失恋的痛苦之中，不如让自己变得更加优秀一些、更完美一些，这样你就成了一个发光体，会将优秀的男人吸引到你的身边，从而拥有一段更加美好的恋情。

* * * * * * * * * * * * * * * * *

放下之后，才能迎接花开

勇于追求是一种勇敢，勇于放下是一种境界。

人生有太多的重负，让女人舍不得放下，从而让自己原本美丽的容颜，在不知不觉间变得愈加憔悴与不安。这些重负包括很多东西，比如金钱、情感、荣誉……

每个人心里能够盛放的东西都是有限的，一旦心灵的空间被占满，女人怎能获得生活的轻松愉快呢？因为心事越多，就越容易打乱自己的心绪。

想要让自己快乐起来，方法其实很简单，就是要懂得放下一些事情。

一位母亲领着自己的女儿到游乐园玩耍，由于人很多，女孩不由得开始紧张起来，担心自己在慌乱之中跟母亲走散了。因此，她用自己的小手紧紧地攥着母亲的手，跟在母亲的身后。别的小朋友都去玩蹦床了，母亲让女儿也去玩，但是女儿害怕离开母亲，所以并没有去。

为了缓解女儿的紧张感，母亲给女儿买了一只红气球。女儿拿到气球之后，果然放松了很多，一路上她一手拽着母亲，一手拽着气球，高兴得不得了。

可是，一不小心，女孩没有拿好，气球飞上了天空，越飘越远，最后看不到了。当气球脱手的那一刻，小女孩就“哇”的一声大哭起来，她不停地哭闹，说要找回那个气球。这时候，母亲笑着跟女儿说：“气球飞走了，你刚好腾出了手，我们一起去坐旋转木马好不好？”

女儿一听要坐旋转木马，马上就停止了哭泣，跟着母亲一起去玩了。玩完旋转木马之后，小女孩早就忘了之前气球飞走的事情了。

小女孩放下了自己之前的追求，不再迷恋气球，找回了自己的快乐。人生中注定要有很多次得到与失去。优雅淡定的女人在追求自己喜欢的事物时，往往就像是案例中的那个小女孩。我们都应当懂得去放下一些东西，让自己得到解脱。我们之所以时常被情绪所摆布，正是由于我们总是被身边的事物所牵制着。如果想要从容地去面对生活，就应当懂得适时地放下。

李然是一个化妆品推销员。在没有顾客的时候，柜台就是她一个人的世界。她清楚地记得自己第一次上班时遭到的冷遇。在工作的第一个月，她的销售业绩并不好，而业绩与工资直接挂钩。微薄的工资仅够维持房租、交通费和生活费而已。

面对期望与现实的巨大落差，她依然笑靥如花。有很多朋友都劝她换一份工作，让自己的收入多一点儿，而她却觉得自己应该坚持坚持。她知道，化妆品有着绝对的市场，现在爱美的人越来越多。如果自己失败一次就换一次工作，那么自己如何能够得到成长呢？

因此，她依然每天认真工作，耐心地去解答顾客的疑惑，帮助顾客挑选合适的商品。对于失败带来的失落情绪，她转身就忘；面对压力，她总能自我安慰。她每天都告诉自己，要学会放下失败带来的绝望，如此才能迎接明天带来的希望。

后来，她的工作越做越出色，成为了一名优秀的推销员，她笑容与周到的服务给顾客留下了深刻的印象，回头客也越来越多。

放下了挫败感，才能以更好的状态去迎接成功。这位销售员面对失败很淡定，她坚信自己总会迎来成功的一天，因此让自己放下了失败带来的烦恼。

生活中，我们做事不可能永远一帆风顺，因此当我们遇到一些挫折的时候，不能总是惦念着，要学会开解自己，该放下就放下。

不管是在工作上、生活上，还是情感上，当有些情绪无法排解的时候，不妨先把它们放一放，不去想那些麻烦事。放下之后，才能让自己慌乱的心静下来，如此才能做出明智的判断。

* * * * * * * * * * * * * * * * *

明智的放弃胜过盲目的执着

当你错误地坚持的时候，最好的改变现状的行动，就是放弃。

泰戈尔曾经说过："如果你因错过了太阳而流泪，那么你也将错过群星了。"在很多时候，放弃是人们最难以掌控的智慧。人们往往都渴望拥有，却不愿意放弃，常常渴望去抓住一些东西，但是到头来可能什么都没抓住。女人，如果想要让自己获得更多的幸福，那么就要学会放弃，明智的放弃往往要胜过盲目的执着。

优雅淡定的女人往往对人生有着一种超然的态度，她们懂得适时地放弃，让自己活得更加洒脱一些。有些东西就像是"鱼"与"熊掌"往往不能兼得，必须取一样的时候，必然就要学会放弃另外一样。

在大西洋中生活着一种马嘉鱼，这种鱼长得十分漂亮，平时生活在深海之中。春夏交替的时候，它们会顺着海潮漂到浅海滩边产卵。这也是河岸边的渔民捕捞马嘉鱼的好时候。每当这时渔民都能收获颇丰。其实，他们捕捞马嘉鱼的方法很简单：用一个孔目粗疏的竹帘，在下面系上铁让其下沉，然后放入水中，由两艘小艇拖着。

马嘉鱼有着一个很奇怪的习惯，就是不爱转弯，就算闯入到了罗网之中，它们依然会固执地向前游。因此，鱼就像是排了队一样，相继进入到竹帘孔中，帘孔也会随之紧缩。随着竹帘的紧缩，它们就会开始变得着急，更加拼命地向前冲。结果被牢牢地卡死，最终被渔民所捕获。

在生活中，一些女人也会犯马嘉鱼一样的错误。她们总是不断地给自己施压，不愿意轻易地放下，不达目的誓不罢休。她们自认为这是一种坚持，是一种执着，但是却总是无视周遭的环境变化，总是坚持着自己一成不变的判断，不懂得随机应变，最终将自己置于失落与痛苦之中。

女人要明白在选择的大方向正确的情况下，执着的努力是有意义的；不然，执着就变成了一错再错。有时候，错误的执着会让你显得过于顽固、偏激、不懂得变通，不管怎么努力都无法达到既定的目标。其实，在很多时候，女人之所以错过很多机会，就是因为坚持了不该坚持的。

茉莉是一家国企的中层管理人员，工作表现一直都十分出色，是企业的重点培养对象。原本她的工作用不到英语，但是由于大学时，她的英语六级没过，于是一直耿耿于怀。毕业之后反而跟英语叫上了板，不考过誓不罢休。

茉莉从小就是一个做事极为认真，责任心特别强的女孩子，可是不知什么原因，她一上考场就打怵。平时学习不错，但是一考试就紧张，甚至在考试之前会彻夜难眠。尽管她惧怕考试，但是她不想让自己的人生留下什么遗憾，于是她总是学习到很晚。几年下来，她依然没能拿下英语六级。如今，为了能够通过这个考试，她每晚都强迫自己认真学习，常常会学习到深夜，但是由于太过紧张与焦虑，她常常会失眠，这让她的状态越来越不好，甚至开始影响到她白天的工作，让她感到痛苦极了。

茉莉的痛苦主要就是由于她太过固执，其实对她来说，英语证书既然已经在她的工作中用不到，就没必要一直苦苦折磨自己了。

现实生活中，有很多像茉莉这样的女人，她们总是为了一些无关紧要的事情去强迫自己，苛求自己做到最好。不管是在工作中，还是在生活中，她们都坚持完美主义。结果这些无谓的追求反而会拖垮她们，让她们变得越来越消极，可能会影响到她们的生活。

女人们要清楚，人生稍纵即逝，能够一直执着于一个目标，一个信念是难能可贵的，但是如果目标不合适，或者客观条件不允许，与其浪费时间在无意义的坚持上，不如干脆放下，重新选择一些能够实现的目标，或许人生的大局面就可以瞬间柳暗花明了。

昨天的太阳，晒不干今天的衣裳

昨天不删除，会拖垮今天的幸福。

有些女人总是活在过去，她们认定今不如昨，因此宁愿停留在昨日的时间里。她们总是带着一种怀旧心理生活，一言一行跟现实生活格格不入。

古人早就言明：“昨日之日不可追。”回到从前，不过是一种对自身的欺骗，是对现在的一种极其不负责任的敷衍。

有些女人很依恋过去的事情，常常把过去的事情从记忆深处调取出来，时不时地感叹一下。那些旧照片、旧服装、旧书、旧报纸都能够勾起她们的回忆。有的女人，在过去曾有过一段恋情，无果而终，随着时间一点点流逝，对过去的那段感情不但没有淡化反而愈加浓烈；有些人则依恋过去的经历，过分看重过去所取得的功绩，把所获得的奖状、勋章、奖品保存得完美无缺，时常追忆当年那辉煌的经历。相比之下，现在的光环正逐渐在消失，心里时常有失落感。

生活到底应该呈现成什么样子的，其实全依赖人们如何去看待。有些问题看开了，放下了，也就不成问题了；而如果看不开，放不下，那么再小的问题都可能成为如影随形伴你左右的重担。

有位哲人曾经说过："我们的痛苦不是问题的本身带来的，而是我们对这些问题的看法而产生的。"有些时候，事情已经无法改变了，我们能够改变的只有自己的态度。

一个人背负不了太多的行囊赶路，只有适当地给自己减负，才能让我们的步履更加轻松，走得更远。

在鲁迅先生的短篇小说《祝福》中，我们认识了一个总是背负了太多，放不下的人物——祥林嫂。祥林嫂唯一的儿子阿毛被狼吃掉了，陷入到丧子之痛的祥林嫂逢人便会讲阿毛的遭遇："我真傻，真的……"她的一遍遍诉说，饱含着一个母亲的深深悔恨和自责。阿毛遇害的那天的细节，包括让阿毛剥豆，后来阿毛被狼叼走，五脏都给吃空了，手里还紧紧捏着小篮的场景，都深深刻在了她的脑海之中。一遍遍的诉说就相当于她不断地揭开自己身上的伤疤，看看自己流着血的心，仿佛这样才能对得起儿子，也仿佛只有这样才能缓解她内心的伤痛，寻求一些安慰。可是却不知道，越是这样，她心上的伤越难以愈合，从而陷入到了一种循环往复的痛苦旋涡之中。

女人如果让自己过度沉浸在过去的回忆里，就会导致自己的交际圈一天天缩小，很难去适应新环境，很难与时代同步。过去的已经过去了，不管过去是晴天万里，还是阴雨霏霏，都不能让它去影响今天。与其在回忆里找存在感，不如好好地珍惜当下。世上再也没有什么是比今天更为真实的了。不管是那些我们引以为豪的成绩也好，还是那些无法填补的遗憾也罢，如果总是念念不忘，可能会影响今天的结果。

对待今天的最好方法，就是珍惜，不惦念过去，不畏惧未来。用你的手拂去昨日的狂热与沉寂，用你的手推开明天的迷雾与霞辉，用你的手握住今天的沉重与轻松。诗人顾城曾经写了一首叫作《昨天，像黑色的蛇》的诗，里面写道：昨天/像黑色的蛇/盘在角落/它活着/是那样的冷/死了，更不会热/它曾在/许多人的心上/缓缓爬过/留下了青苔/涂去了血色/现在/它死了/压在一座/报纸的山下/难以捉摸/无数铅字/像蚂蚁般聚会/讨论着/怎样预防它复活。”

一个人适当地去怀念过去是无可厚非的，但是不能因为怀念过去，就不懂得珍惜现在与未来，让自己陷入到一种病态之中，变得狂躁，不耐烦，甚至整日里总像是跟自己作对一样，要么看不起现在的自己，要么看不起过去的自己，让自己处于一种逃避之中。

当你一遍一遍地诉说往事的时候，往往可能会导致你忽略了现在正在经历的体验。与其将过多的时间浪费在追忆上，倒不如抛开过去，好好地过好现在。毕竟让过去过去，才能让未来到来。

不要试图去回避今天的真实与琐碎，走脚下的路，唱心底的歌，将头顶的阳光绘制成五彩斑斓的画卷，让日子变得更加丰富与精彩。每一个日子都向我们敞开，让花朵与微笑回归你疲惫的心灵，让欢乐成为今天的中心。如果有荆棘刺破你匆匆的脚步，那也是今天最真实的痛苦。

* * * * * * * * * * * * * * * * *

对有些错误念念不忘，只会徒增烦恼

人们常说“念念不忘，必有回响”，但有时候，错误地盯着自己的错误不放，只会影响我们继续前行。

记忆有时是最为恼人的东西，梦绕魂牵，挥之不去。尤其是那些让我们自责的记忆，往往就像是一剂慢性毒药，时不时地冒出来，不知不觉地消耗你的快乐。女人们很容易让自己沉浸在一种自责、后悔的情绪中无法自拔，尽管这样做并不能挽回什么，也无法改变什么，但是她们就是念念不忘。

2009年春晚，董卿在主持的时候出现口误，误将“马季先生的儿子”说成了“马先生的儿子马季”，当时是直播，董卿的失误迅速发酵，作为一名央视主持人，这样的失误可谓是最低级的错误。由于口误，董卿在一夜之间成了网上的热门人物。

当时董卿在主持出现口误的时候，其实并没有意识到自己的错误，几位一起主持的主持人和导演为了不影响董卿后面的发挥，也没有将这件事告诉她。直到春晚结束之后，董卿走下舞台，拿起自己的手机，才发现几个朋友纷纷给自己发来了短信。而这些短信跟往年不同，除了拜年之外，更多的是说“没关系，错了也没关系”之类的话，这才让董卿恍然大悟。

当意识到自己的失误之后，董卿觉得自己的表现实在是太糟糕了，不仅对不起表演者，更有愧于台领导的重托，认为自己有失于一个主持人的职业素养。在回到家之后，董卿的自责之情更加严重，吃完了速冻饺子，她总觉得自己应该做些什么，但是又没什么事情可做。躺在床上翻来覆去睡不着，新年并没有给她带来快乐，反而更让她自责，第二天醒来，她就陷入到自责情绪之中。一连两天，她都不敢上网。后来她说：“我是一个特别追求完美的人，在这么一个重要的场合，出现了这么一个失误，心里其实挺难过的。”

后来同为央视主持的白岩松意识到如果不对董卿的这种情绪进行干涉，恐怕会让她一直陷入到自责之中。于是他告诉董卿，网友们并没有董卿料想中那么苛刻，大家对董卿这次失误都表示谅解，网上大多说的也是一些鼓励的话。经过白岩松的开解，董卿心中的石头也算是放下了。其实，口误是人之常情，生活中难免会出错。作为主持人，应当明白自己口误的机会要比普通人更多，因此不能总是抱着自己的失误自责。

当人们犯错的时候，往往会夸大自己的错误，认为自己的错误是不可饶恕的，其实可能别人根本毫不在意。我们常常会听到一些女人说：“我无法宽恕我自己。”可是，你不原谅你自己，又能够怎么样呢？可以挽回那次失误，还是可以减低失误带来的影响呢？你对自己的责怪，到头来，只会加深自己的痛苦，让自己陷入到一种低落的情绪之中。这种情绪还可能会影响你以后做事的心情，因为害怕再犯同样的错误，所以做事变得畏畏缩缩，结果越做越错。

错误已经犯下，如果还有可能去弥补，那么就尽全力去弥补；如果已经成了既定事实，无法补救，那么就要学会重新调整心情，开始新的生活。错误的事情已经发生，也为此付出了代价，要懂得适时原谅自己，接受事实，总结教训，将自己从过去的痛苦之中解救出来。

人非圣贤，孰能无过？犯下错误其实并不可怕，可怕的是我们往往会逃避现实，失去做事的心情，甚至赔上现在和将来。我们要学会忘记一些过错，不然只是徒增烦恼。切忌不要抓着过去的伤疤不放手，在自怨自艾的泥潭里越陷越深，我们需要做的是，适度地忘记，这样才能赋予我们面对明天的勇气。请善待一下自己，把自己从坏情绪里捞出来，放下错误的枷锁，才能以一种更好的面貌面对明天。

* * * * * * * * * * * * * * * * *

心理测试

你是一个拿得起放得下的人吗？

测一测你是不是一个拿得起、放得下的人。

在生活中难免会出现一些不如意的事情，你能否以最快的速度调整自己的心态，处理这些事情呢？下面各题答“会”得3分，答“不会”得1分，答“不确定”得2分，算算自己的分数吧！

1.你的心情经常会受到天气的影响？

A.会　　B.不会　　C.不确定

2.你是否喜欢在纸上涂抹一些无意义的图形、符号？

A.会　　B.不会　　C.不确定

3.你佩戴的小物件会长期不变吗？

A.会　　B.不会　　C.不确定

4.雨季里不下雨的日子，你会出门带伞吗？

A.会　　B.不会　　C.不确定

5.你会将旧衣物保存好吗？

A.会　　B.不会　　C.不确定

6.你会觉得总有人在暗处观察着自己吗？

A.会　　B.不会　　C.不确定

7.考试时，你做题的时候，监考老师总是站在你旁边，你会紧张吗？

A.会　　B.不会　　C.不确定

8.在书上看到一些悲惨的故事，你会自动代入到自己身上吗？

A.会　　B.不会　　C.不确定

9.你愿意将自己的东西借给他人吗？

A.愿意　　B.不愿意　　C.不确定

10.你紧张的时候，手上会不会出汗？

A.会　　B.不会　　C.不确定

11.你被朋友的恶作剧吓一跳，心跳的感觉是否需要很长时间才能平息下来？

A.会　　B.不会　　C.不确定

12.你在外出的时候会不会随身带着一个小包？

A.会　　B.不会　　C.不确定

13.身体不舒服的时候，会不会总怀疑自己得了什么病？

A.会　　B.不会　　C.不确定

14.你是只有将桌子收拾干净才能看书的人吗？

A.是　　B.不是　　C.不确定

15.你在抄写东西的时候，是不是总要写得整整齐齐才愿意拿给别人看？

A.是　　B.不是　　C.不确定

答案解析：

15～24分：你是一个真正的拿得起、放得下的人，无论是难搞的大事，还是无足挂齿的小事，你都是说过就算，因此活得十分潇洒。不过身边的人可能会因为你的大大咧咧而承受一些不必要的麻烦，因此对于一些重要的事情，不妨放在心里掂量一下其重要性。

25～34分：对于一些难以搞定的事情，你确实很难做到潇洒应对，不过对于一些小事你的态度很随意。因此建议你要辨明，哪些事情是值得你去惦念的，哪些事情是无足挂齿的。

35～45分：你可能并不是个拿得起、放得下的人。一些在他人看来无关紧要的小事往往会让你耿耿于怀，将你的心情弄糟。你很在意他人对自己的看法，有时甚至会让人感觉你有些神经质。建议在发生一些让你不开心的事情时，不妨做些心理暗示，比如跟自己说“这没什么大不了的”，然后去做自己喜欢的事情。几天过后，可能你就会觉得这根本不是什么大不了的事情。

第六章

学会知足，以乐观心态善待自我

常与“不知足”为伴，那么失望就会如影随形。不如知足一些，抓住当前已经拥有的幸福。

没有绝对的得，也没有纯粹的失

过于在意去争取“得到”，就会被“失去”扰乱内心。

人类最搞不懂的就是自己的内心，明明来时两袖清风、一无所有，却偏偏要在活着的时间里争名夺利，钩心斗角。有些女人，将几十年的时光都耗在这些东西上，可是却发现自己越来越不开心。她们拼命地去得到，又提心吊胆地害怕失去。

几乎每个女人都渴望拥有幸福美满的生活，她们总在希望自己可以得到的多一点，再多一点。却很少有人意识到，在她们得到一些东西的时候，也在失去一些东西。拥有了曼妙的青春，就会失去天真无邪的童年；拥有了左右逢源的圆滑，就可能失去直来直去的纯真；享受了繁华都市的便利，就失去了田园生活的悠闲。

有这样一个寓言故事：一只正在觅食的狐狸被一阵果香吸引，顺着果香，狐狸看到了一大片葡萄架，上面的葡萄已经成熟，十分诱人。它垂涎欲滴，到处寻找入口，想要进到围墙里面去。找来找去，终于在墙角找到了一个洞，可是洞口太小了，狐狸的身体根本挤不进去。为了能够吃到葡萄，狐狸想出了一个好办法——绝食了七天。果然七天之后，狐狸的身体变得非常苗条了，再稍稍一使劲儿，它就钻到了围墙里面。这下好了，满院子的葡萄全都是它的了。狐狸大快朵颐之后，挺着圆滚滚的肚子，心满意足地准备打道回府。当再次来到那个洞口的时候，它才恍然发现，自己胖起来的身体又无法成功钻过那个小洞了。可是如果不出去，恐怕早晚会被园主发现并抓住，于是它又不得不再次绝食七天，再次饿瘦了自己，钻了出去。

结果，钻洞而入的狐狸和钻洞而出的狐狸几乎一模一样。

为了得到，有时不得不失去；即便得到了，也可能还要失去。如果有人将一生的得失都收集起来，得为正，失为负，那么二者相加的结果就是零。万物都是平衡的，人生的真相也不过如此，女人又何必要为了得不到的东西而伤心动气呢？

人们总是幻想着得到的美好，也总是在夸大着失去的可怕。

有一个女孩心心念念地想要凤凰古城游玩一次，可是一直没有闲暇的时间。终于熬到了年假，她匆匆忙忙地买了去往湖南凤凰的火车票，开启了这次梦幻之旅。一路上她都处于极度亢奋的状态，不停地拍照，想要与人分享此刻的幸福。到了预约的旅店之后，她赶紧给朋友打电话，或许是太幸福了，说着说着忍不住手舞足蹈起来，结果一不小心，手机就脱手而出，一下子甩到了墙上，屏幕碎得惨不忍睹。还好电话还通着，不至于让朋友太着急，她慌忙告知了朋友情况，就挂掉了电话。

挂完电话之后，想要再打电话，却怎么也开不了机。这让她十分郁闷，要知道出门在外，手机坏掉了，可不是小事。对她来讲，能不能打电话倒是件小事，但是不能发微博，不能上微信，不能拍照却让她郁闷至极。本想要到当地的网点修一修，可是周期又太长了，她想自己是来旅游的，又不是来联系业务的。想到这儿，她突然就茅塞顿开了，是啊，自己是来旅游的，又不是专门来给朋友们踩点的。而且手机坏了，也有手机坏了的好处，毕竟平日里自己总是紧张兮兮的，电话不断，正好趁着这个机会好好享受几天清净的生活。

接下来的日子里，她彻彻底底地将凤凰古城欣赏了一番，品尝当地的特色美食，跟陌生的当地人接触，让她感到了前所未有的享受。

在回程的路上，她回想起这次的“手机事件”不由得感慨，过去自己总是因为失去了某些东西而懊恼不已，怨声连连，没想到通过这次的事件才明白过来，失去也有失去的好处。

世间万物，没有绝对的好与坏，得失也是如此。人生总在不断地得到，也在不断地失去，这是无法破解的规律。

人生就是一场经历，没有必要时刻去计较，我们要做的就是时刻保持着一颗平静之心，得就珍惜，失也要坦然。

够得着的幸福才是幸福

够得着的幸福，才是实实在在的幸福。

有人说过："幸福是一叶障目的事情，人们都会对自己的拥有视而不见。对于那些从指缝里溜走的，却辗转反侧，梦寐求之。"一些女人也常常犯下这样的错误，她们永远都不能对现拥有的知足，眼睛永远在盯着那些得不到的和已失去的。可是越惦念越让自己脾气烦躁，还可能因此而犯下无法弥补的错误。

2016年年初，爆出了一个让人震惊的新闻。曾经参加"非诚勿扰"节目的一个女嘉宾王佳杀死了自己的丈夫。

后来有人道出了这起案件的始末缘由。

出生于陕西延安市的王佳，有一个普通的家庭。父亲是延安某国企职工，母亲在厂医院担任护士。由于是家中独女，再加上高校毕业，所以她的择偶标准很高，前后多次恋爱均未修成正果。

2010年春，江苏卫视"非诚勿扰"节目突然间风靡全国，同时也让当时已经32岁的王佳看到了希望。到了年底，她就专门请假跑到了南京去报名，经过几次周折，最终在2011年4月，以2号女嘉宾的身份，成功在“非诚勿扰”节目中亮相。

当时出场的时候，她穿着一袭红衣，态度真诚，因此备受人们喜欢。在之后的一期节目中，王佳看上了一个男嘉宾，男嘉宾最终也被王佳的一番勇敢告白所打动，二人成功牵手。

在节目播出半个月的时间里，她的粉丝暴增，朋友和同学也打电话向她表示祝贺。人们都以为二人过上了甜蜜的情侣生活，哪知道，男嘉宾在牵手成功之后，发送了一条“要去美国公干”的消息后，就音信全无了……

王佳被甩的消息迅速在圈里传播开来，羞辱、尴尬、愤慨等不同情绪开始交替控制她。在这段煎熬的时期，王佳发现有一个人一直特别关心她。这个ID名为“文文”的人，说自己是西安人，很同情王佳，并特别倾慕她。

对于“文文”的追求，王佳毫不犹豫地予以拒绝。可是当她受伤的时候，“文文”一句句真挚的话语却让她十分感动。最终，王佳心灵深处，最柔软的部分终于被打动了。

不久，王佳就跟这个追求者见面了，“文文”真名叫何嘉文，是一个身高1米8、理着板寸的帅哥，比她小两岁，在银行工作。两个人聊得很投缘，感情迅速升温，最终将婚期定在了2012年元旦。

不过感情总有降温的时候，当爱情的热潮退去，王佳越来越看到这份爱的不足：何嘉文只是个小职员，身上还有房贷。更让她觉得心理不平衡的是，过去一起上节目的姐妹们，有的成了阔太，有的成了明星接拍了广告。

越想越不平衡之后，王佳突然在婚礼前夕宣布，暂时不想结婚。可是在2012年春节前，王佳突然发现自己怀孕了，因此二人在当年四月走上了婚礼的殿堂。

结婚之后，随着肚子越来越大，王佳不仅丝毫没有即将要做母亲的幸福感，而且天天发愁自己脸上出现的孕妇斑，看着过去清纯的照片，再对照下曾经参加节目时的“女神”形象，再加上看到别的姐妹都过得很风光，更加愤懑不乐，甚至患上了抑郁症。

在怀孕期间，王佳的抑郁症常常发作。7月31日早晨，何嘉文休假，在做完早饭之后，就叫她吃饭，然而在上网的王佳对丈夫的叫声置若罔闻。何嘉文看到她还在上网，而且一副心情低落的样子就问她：“怎么了？”王佳劈头盖脸地回了一句：“不想再活了！”

何嘉文知道老婆肯定又心理不平衡了，于是就从王佳手中抢过了笔记本电脑，一看才发现，她正在男女嘉宾群里跟叶嘉莉聊天，得知对方出了专辑，挫败感更甚。何嘉文也很生气于是就冲着她吼道：“又是‘非诚勿扰’！又是女嘉宾！你还有完没完？”说完，把电脑扔在了地上，喊道：“你今年已34岁，女神啊，你难道就永远活在舞台上，就不能回到人间吗？”丈夫的话让王佳感觉羞辱。之后，没过多久，在二人再次发生争吵之后，王佳决定杀掉何嘉文后再自杀。一场悲剧就这样产生了。

王佳一直将自己囚禁在一个叫作“女神”的虚拟光环里面，

即便她在现实中遇到了真爱，她也充满了怀疑与失落，最终发生了这样的悲剧。

幸福这种东西，只要踮起脚能够够着，就够了；如果再怎么努力也够不着，那就不要去怀有幻想了，也用不着为此而生气，因为它注定是不属于你的。如果整天盯着远方遥不可及的海市蜃楼，那么往往会忽略掉近在咫尺的幸福。而一味地去争取那些与自己有着很大差距的东西，需要付出很多的代价，这些代价可能是时间、经历、健康、财富、尊严等。纵然可以将那些自己期望的东西握到了手里，也可能下一秒就会失去。女人应当学会适时放低自己的眼光，在努力追求更好的生活时，要懂得知足与感恩。不要总去惦念那些够不着的东西，更不要因为得不到而生气，有时候，你的不甘心与念念不忘，不过是因为过高地估算了它的美好，主观地把它理想化了而已。

如果你此刻也沉浸在忧郁与苦闷之中，那么你就要学会从那些望尘莫及的事物中走出来，去看看你周围的家人、朋友，多去看看自己拥有的东西，让自己的心宽阔自己。不要去高估那些得不到的东西的价值，更不要去为了得不到的东西而生气。其实，世上最珍惜的不是得不到、已失去，而是把握现在的幸福。

* * * * * * * * * * * * * * * * *

嫉妒是根刺，会划伤你的生活

任何人都可以变得狠毒，只要你尝试过嫉妒。

女人善妒，这仿佛是上帝创造了女人以来就存在的事实。生活中有些小嫉妒是正常的，但是一旦过度，就可能会伤及他人与自己。

不管是哪种罪恶，在最初的时候，往往能够给人们带来某种满足感，但是嫉妒从始至终，带给人们的都只是空虚和不快。

《新约》里说妒忌是最卑鄙的罪恶，所以才没有几个人敢坦白说自己会妒忌。弗朗科斯·拉罗斯福哥公爵就捕捉到了妒忌所带来的那种说不出口的不快，他写道："就是最不应该有的情感，我们往往都有自得之处，可妒忌这种情感是怯懦的，让人臊得慌，从来没谁有胆敢承认过。"

弗吉尼亚·伍尔芙说：嫉妒是作家积重难返的恶习，她这种说法得到戈尔·维达尔的响应。无论何时，朋友成功了，维达尔写到：我心里就有个什么小小的东西死了。对维达尔来说，自己得意还不够——其他人遭殃才成。他这份怨气说出了妒忌的两个方面：一是见不得别人的好；二是巴不得别人遭殃。

妒忌最明显的特征就是恶意。不论嫉妒之人把这份恶意说得多么机智风趣，多么招人发笑，你都会发现他们都是在毁人声誉，不过是要了些手腕罢了。可以肯定的是这种充满恶意的人，看到别人成了功或是出了名，当时那个心里真是妒火中烧呀。毒舌的后面，掩藏的多是颗饱受困扰和失落的心。

在前几年大火的《甄嬛传》中，有一个女子就因为善妒，毁了自己的生活。这个女子就是娇小可爱的安陵容。不得不说宫廷是个复杂的环境，在这个环境里，每个女人都有了嫉妒心，有的是为了情爱，有的是为了恩宠和身份，在这样的环境里，安陵容就因为嫉妒迷失了自己。

安陵容出身卑微，内心自卑，喜欢钻牛角尖，平日里做事小心翼翼，生怕出了差错。由于家境清贫，在宫中没有什么势力做靠山，因此受了不少冷落和欺负。

安陵容在选秀时，因一场误会而认识了沈眉庄和甄嬛。二人成功帮助她让她入选。她和眉庄、甄嬛结交为好姐妹，并对付了夏冬春。那时她本性善良。

后来，她看甄嬛什么都有，不仅有着高贵的出身，还有着娇美的容貌，更让她生气的是甄嬛集万千宠爱于一身，自己却受冷落。心胸狭窄的她，每天都对这种不公平的对待耿耿于怀。最终心中的嫉妒之火，越烧越旺，让她开始舍弃了自己的善良本性，丢弃了以前的温婉和善，变成了一肚子坏水的善于算计的女人。最终毁了所有曾经对她真心相待的人，也让自己走向了无法回头的深渊。

华妃党覆灭后，加入皇后党，并联合皇后和瓜尔佳氏把甄嬛一家害惨，还派人把老鼠放进监狱使甄嬛的父亲得了鼠疫。甄嬛出宫，安陵容和祺贵人瓜尔佳氏进入了盛宠时期，从此与甄嬛、沈眉庄为敌。并且为了阻止甄嬛回宫，和祺贵人一起设计让皇后假装失足，还故意让太后宫里失火。

回归到现实生活中，依然不乏安陵容这样的女子。她们对身边比自己条件好的人，心中想着的不是为其祝福，而是嫉妒。这类的女子，当你的条件比不过她的时候，她们就是善解人意，不断宽慰你的好姐妹；而当你的条件比她们好的时候，她们就迷失了自己，将自己所有的不幸都归结到你的身上，甚至觉得你越惨她们就越快乐。

细细想来，这些人真的跟她有过什么过节吗？没有。她的生活跟别人毫无关系，而她之所以陷入困境，大部分原因都是由于她自己。

当一个女人用不良的心态去审视他人的优越之处的时候，她的尖酸刻薄就开始难以掩盖了，这些女人，语言中必然会带有怨气，字字句句都在贬低他人，不自觉地采用了贬低他人的方式来抬高自己。她觉得可以从中收获别人羡慕的目光，却不知道这样做只会让自己显得更加浅薄和刻薄。

嫉妒，或许能够让一些女人得到短暂的快感，却也能让不幸变得更加心酸。嫉妒是一种复杂的情绪，因为嫉妒的存在，看到别人前进，就认为自己是在后退，从而越来越担心，自卑、恼怒等情绪不断地从心头涌出，带给我们百爪挠心般的折磨。

心胸狭窄的女人，在被嫉妒折磨得难以忍受的时候，就会丧失理智，做出一些出格的事情，仿佛遮住别人的光亮，自己的世界才能亮起来。而事实往往与他们预料的相反，即便别人的星光黯淡了，她们的世界依然是一片黑暗，甚至比以前更加黑暗。

* * * * * * * * * * * * * * * * *

你有自己的芳香，不必惦念别人的风景

比较从来不是获取幸福的方式。

林语堂先生曾言：“不管在什么情况下，幸福都是一种秘密。”

如何来定义幸福呢？恐怕很难有人做出最精准的回答。跟生病的人来比较，健康的人就是幸福的；跟家徒四壁的人相比，温饱的人就是幸福的；跟死去的人相比，活着的人就是幸福的……是的，人们往往会用比较的对象来定义自己的幸福。当然，也有人通过比较来定义自己的不幸。在不知足的女人眼中，她们永远看不到自己的风景，因为她们总盯着那些假想中的过得比自己好的人的生活，然后心中因为得不到跟别人同样的待遇而闷闷不乐，甚至大发脾气，扰乱自己的生活。这是很多女人都会犯下的

错误。不过她们没有意识到，当她们盯着别人而感慨的时候，很多原本属于自己的幸福与快乐在不知不觉间溜走了。

其实，比较从来都不应当是人们获取幸福的方式，每个人都有自己独一无二的幸福，是别人无法体会到的。而消极无节制的羡慕，只会让人自甘堕落。为什么不去查看一下自己的幸福账户余额，却总是羡慕地看向别人呢？也许对方的幸福额度其实还远不如你，可是你却总望向别人，犯下了身在福中不知福的错误。因为不了解，所以总误解，误解对方过得比自己好，其实事实可能出乎你的意料。

有一位年轻的女歌唱家，30多岁就已经享誉全球，而且夫妻感情甚笃，羡煞旁人。

一次，她在邻国开“个唱”，门票早早就被抢购一空。演出结束之后，她跟着丈夫、儿子一起走了出来，很多还没有离场的观众纷纷上前跟她攀谈。其中大部分都是一些溢美之词，说她年少有为，嫁了个如意郎君，生了个可爱的儿子……听到大家的夸赞，她未发一言。

等到人们七嘴八舌地都说完了，她才不紧不慢地说：“我很感谢大家对我跟家人的关心，可是你们往往看到的只是我们光鲜亮丽的一面，还有另一面你们并不知晓。比如，你们刚刚口中夸奖的这个活泼可爱的孩子，他其实是个不会说话的哑巴。他还有一个姐姐，常年被关在家里，因为她有自闭症。”

听完了她的诉说，人们都震惊了。他们从来没想过，看上去如此幸福的女人背后，需要承担的却是如此悲惨的家庭遭遇。这时，歌唱家又笑着说：“你们也不必同情我，因为上天给了我足够多，至少现在我很幸福。”

每一个人的幸福都只能由自己来定义。很多女人之所以感觉自己不幸福，是因为她们总觉得别人得到要比自己得到的多，比较来比较去，就是自己过得最差劲，如此一来，消极的情绪就会占领上风。她们在不知不觉中打开了自己嫉妒的大门，最终累了心，伤了身，蹉跎了岁月，懈怠了时光。

生活就像鞋子，别人眼里看到的永远只是款式、颜色，舒不舒服，唯有脚最清楚。所以，不要让别人的幸福转移了你的注意力，也不要总将目光聚集在别人身上。雄鹰有雄鹰的天空，花朵有花朵的土壤，鱼儿有鱼儿的海洋，别人的精彩不应当去影响你的绽放。勤劳的农夫可以享受在春天种下种子，秋天收获的喜悦；工人可以享受通过自己的双手建造一间房屋的成就感；作家可以享受通过文字传达自己的悠然自得……人

生不需要太圆满，只要能够去珍惜自己所拥有的快乐，去守护自己的那一份幸福就够了。只要懂得这个道理，用心坚守属于自己的那一份幸福，心中自然也就不会有什么消极情绪。

我们不是哲学家，只是芸芸众生中的平凡女子。但我们可以拥有一份淡然和超脱。钱钟书先生说过：“一切快乐的享受都是属于精神的。”因为有了对淡定而充实生活的满足，才有了“采菊东篱下，悠然见南山”的陶渊明，才有了“一箪食，一瓢饮而不改其乐”的颜回……才有了世间一个个幸福的人。

所以，不必将眼睛向上看，别人的美丽花园你不必羡慕和惦念。生活赐予了你许多美好，同时也会给你一些遗憾，不必怨天尤人，这是生活的公平之处。带着这样一份淡然的心境去生活，那你就是最幸福的女人。

* * * * * * * * * * * * * * * * *

不攀比，做最真实的自己

生活的累，一半来自生存，一半来自攀比。

有时候女人容易陷入到自我编织的牢笼之中，不自觉地拿自己跟他人进行比较，从而让自己活得特别累。

之所以要跟别人比较，是由于女性都期待完美，期待可以生活得更好，但是她们却忽略了一点——每个人的自身情况是不同的，因此有些东西其实并不适合自己，如果盲目地进行攀比，最终收到的可能只是东施效颦的效果。

在现实生活中，攀比的现象随处可见，朋友买了一辆车，自己就也要买辆车；朋友买了一件一千多块钱的衣服，自己也要买一千多块钱的衣服……

曾经有这样一个笑话：

一个男人遇到了熟人："您恐怕没有好日子过了。"

那个熟人问道："为什么？"

男人回答说："昨天我太太买了一件貂皮大衣。"

"那跟我有什么关系吗？"

"她刚刚告诉我，她今天要穿着大衣去见您的太太。"

这个故事巧妙地将女人的攀比心理表现得淋漓尽致。与男人相比，女人的心思更加缜密，也更加多愁善感，稍有一些风吹草动，就会引起她们内心的波澜。当别人在某一方面优于自己的时候，她们会敏感地感受到，并引起她们的不快，堆积到心里。时间一长，这种不快就会不同程度地表现出来。

一位满脸愁容的女人走进了一家心理诊所。刚一进门，她就一下子坐到了旁边的椅子上，不发一言。医生询问她到底出了什么问题，她也久久没有回话。过了很长时间，她才开口说道："我到底做错了什么呢？老公离我而去，工作也丢了，孩子总是不听话，整天就知道跟我作对，后来我开了一家花店，生意也不好。我现在生活一团糟，就剩下郁闷与烦恼了……”

医生听完她的话，抬头看了看她，问道：“说吧，你老公为什么会离开你呢？”

“我也弄不明白，我觉得自己对他已经足够好了。”女人愤愤不平地说道。

“你是不是经常挑他的毛病？”

“是啊，可是我不是为了他好吗！”

“那你都对他说了什么呢？”

“其实也没说什么，我说他整天就知道工作，一个月拿不了几个钱。看看邻居小赵，做个小生意，一年能挣十几万呢，现在房子也有了，汽车也有了。可他呢，连买件新衣服都要考虑考虑经济状况。”

“那么，你的工作又是怎么回事呢？”

“我原来是一名会计，收入还算可以。可是后来，我一个同是会计的朋友说，她们那儿的待遇要比我这儿好上许多，因此就总觉得老板亏待了我。所以工作也开始不上心，有一次在做工作报表的时候，因为上司要得急，所以也就没有检查，结果数据出现了错误，让公司损失了一笔钱，于是我也就被老板炒了鱿鱼。”

“那您的孩子又是怎么回事呢？”

“我儿子整天就知道玩游戏，考试总是不及格，你批评他，他还不听，理直气壮地顶撞你。我就总是拿他跟隔壁家的孩子比，隔壁家的孩子可懂事了，为什么我儿子这么难管呢？”

“那你为什么要开花店呢？”

“您可能不懂，我们小区的赵姐，去年开了个花店，生意可好了，赚了不少钱。我就觉得既然她能做，为什么我不能做呢？”

医生听完，大概明白了问题所在。淡淡地说道：“您总是盯着自己不如别人的地方，从而导致您总是不满。而您的攀比，又给家人在无形中带来了压力。不如放松一下自己，不去计较那些不如人的地方，去发现一些生活中的小幸福。”

听了医生的建议，女人似懂非懂地离开了。

一个月之后，她再次来到了这家心理诊所。这一次，她的脸上并没有了上次来时的愁容。她告诉医生，回去之后，她就不再念叨儿子。之后母子二人还进行了一次长谈，通过交流她发现儿子特别喜欢发明，于是她鼓励儿子去参加了一项发明大赛，儿子在这次比赛中取得了不错的成绩。同时，她关了花店，开了一家蛋糕店，经营得也不错。她感到现在生活得很幸福。

生活中很多不如意，其实都是由于盲目的攀比而引起的。一味地盲目攀比，往往会让人们忽略自己现在所拥有的幸福，甚至会给身边的人带来压力。不去攀比别人，生活就不会太累。女人要学会知足，知足不是不去奋斗，不去进取，而是要能够结合自身的条件，去实现一些触手可及的目标。守住自己所拥有的，清楚自己想要的，这样才会快乐和幸福。

用心去感受生活中的“小确幸”

幸福没有标准答案，但从来都极易得到。

每个人的一生都会获得很多快乐，但是并不是所有人都懂得珍惜这些快乐。有些人总是活得郁郁寡欢，仿佛世界都欠了她一个交代。其实，谁也不亏欠谁，一切幸福都在于自己去把握。

有一个词叫作“小确幸”，意思是微小而确实的幸福。这种幸福很简单，得到也很容易，创造这个词的日本作家村上春树说，他买回刚刚出炉的香喷喷的面包，站在厨房里一边用刀切片一边抓食面包的一角，就是一种微小而真切的幸福。

女人们往往会盯着一些大目标，而忘记了身边的小确幸。其实，每个日子都是自己去创造的，是自己体验着度过的，与其去追求那些遥不可及的东西，倒不如脚踏实地地去感知现实中的小确幸。当你每天都为得到那些小确幸而感恩的时候，也就不知不觉中远离了生气等负面情绪。

潇潇是一名大四学生，她每天都笑呵呵的，人缘也很好。朋友都说从来没见过潇潇发过脾气。在朋友向她询问，为什么每天都能活得这么开心的时候，潇潇说："因为我觉得我的生活中充满了各种小确幸。"

在跟同学交往的时候，潇潇总能感受到朋友对自己的帮助与关心。有一次，潇潇跟舍友约好一起去看电影，已经订好了电影票，但是潇潇突然收到了老师的一个紧急通知，让她帮忙去做一个任务。为此，潇潇不得不放弃跟舍友一起去看电影，她觉得很扫大家的兴，毕竟已经大四了，大家聚在一起的时间也不多了。当潇潇独自一人留在宿舍完成任务的时候，心里不时会想着舍友们一起看电影，看完之后聚在一起聊剧情的场景，为自己不能一起享受这样的时光而懊恼不已。过了很久，饥肠辘辘的潇潇终于把老师交代的任务完成了，可是这时候学校的食堂早就没饭了。就在潇潇纠结要不要去商店买包泡面充饥的时候，舍友回来了，并拿了很多好吃的给潇潇。等到潇潇填饱了肚子，舍友们又下了一部电影，跟她一起看。那时候，潇潇感受到了最真实的幸福。

潇潇觉得，只要自己愿意，随时都能够感受到生活中的那些小确幸。即便在自己独处的时候，也能够得到心灵上的满足。有时候，潇潇结束了一天的实习，看看路边的风景，就觉得生活十分美好。有一次，暴雨过后，潇潇看到一只小猫在叫，自己在一个角落里找到了它，发现有一把伞为它遮着雨，显然是有人看小猫可怜，故意留下的，顿时心里就涌出了一股暖流。这样的幸福，又有几个人能够体会到呢？

在生活中，有太多人忽略了生活中的那些小美好，总是脚步匆匆地去追求那些看上去十分宏大的幸福。

“发个小财；享用美食；家人团聚；睡到自然醒；朋友捎来问候；与好友出游旅行；看好书，听好音乐，看好电影；与好久不见的朋友把酒言欢；买到物超所值的东西；累了一天泡个澡。”这是十个被人们列举出来的“小确幸”，它们看似简简单单，却总是在提醒人们换个角度看待人生，把握当下的感动，从一些小事情中找到满足感、幸福感。

因此，当长期在外的你，吃上了妈妈做的饭菜；当多年未见的好友突然偶遇，并默契地叫出你的名字；当在路上突然听到了一首你喜欢的歌；当你走到地铁站台前的时候，地铁正好停靠；走进一家店，发现里面的饭菜意外地好吃……这些都是流淌在生命之河中稍纵即逝的美好，这种小美好，会让你的生活变得更有分量。

静下心来珍惜生活中的“小确幸”，用心生活、在日常中去发现那些小美好，感受世界温柔的爱。

对于有些女人来说，也许她追求的是大品牌、大豪宅……可是这样的追求并非所有人都能够担负得起，也不适合每一个人。当你自己一个人在大豪宅里哭的时候，就会明白豪宅对自己其实一点儿意义都没有。

其实，将日子过成诗，去根据自己的实际情况尽量让自己过得潇洒自在。养些小花小草、小猫小狗，看些小书、小节目，唱几个小曲，与心爱的人温暖相拥，去陌生的地方小小游览一下，日子才能被你攥在手中。

村上春树说：没有小确幸的人生，不过是干巴巴的沙漠罢了。你发现生活中那些闪烁着光芒的小确幸了吗？

心理测试

你是不是个知足常乐的人？

你是否是个知足常乐的人？

1.站在广场上，迎面而来20个人的队伍，你认为他们的队形是：

竖排一字→2

双排一字→3

横排一字形→4

2.20个人的队伍是男多女少，还是女多男少？

男多女少→4

女多男少→3

差不多一样多→5

3.20个人，他们的神情是：

没有表情→5

各有各的表情→6

兴高采烈→4

4.20个人的队伍中，穿得最花哨的那个人是男是女？

男的→7

女的→5

不知道→6

5.20个人的队伍中，有一个人不开心，他是什么样子的？

高个子，很瘦→6

个子不高，不胖不瘦→7

适中个头→8

6.20个人的队伍朝你走来，越走越近，你会：

退后→7

站着看→8

让开→A

7.20个人的队伍朝你走了过来，每个人给了你一个东西，那东西是：

一只气球→9

一根羽毛→8

一张纸→10

8.20个人的队伍朝你走来，每个人向你讨要一样东西，他们要的是：

一个硬币→9

一根头发→A

一枝花→B

9.答应朋友的事情，无论如何你也会为他办到吗？

是的→C

不是→D

不确定→A

10.如果朋友做了让你不开心的事，你会：

直接表露出来→C

默默忍耐→D

以后会报复→B

答案分析：

A.你不管在什么时候，都不喜欢自己的身边有压抑的空气。所以你每天都会嘻嘻哈哈地生活，但是同时你也会为自己的目标去努力。你在一无所有的时候，也会偶尔有些小失落，但是几分钟后，你便会找回自己乐观的心态。你的心态就是你最大的福气，所以，这一生即便真的贫寒，你也不觉得自己活得辛苦。

B.你对金钱的欲望尽管很大，但是，在你没有成功之前，也不会总是沉默地努力。你会乐观地相信，自己一定能实现理想。即使现在的生活过得普通一些，只要保持好的心情，那么，没有什么是做不到的。你有上位的运气，也有上位的能力，所以，福中带贫的状况才不可能持续一辈子呢。

C.你尽管也喜欢那些高质量的生活，但是在自己条件不允许的情况下，你会降低一下自己的要求，在普通的生活中开心着。你会尽自己最大的努力，让生活充满阳光。所以你总是一边开心着，一边努力着。福中带贫是暂时的状况。有好的心态就会有好的未来。

D.你知道，即使愁，也不会解决问题。所以你会乐观地看待生活，即使没钱又怎样，只要自己不放弃，总会有成功的那一天。以这样的心态来面对人生，无论多难的日子你都能度得过去。福中带贫是你暂时的生活状况，但终有一天，你能够逃脱贫困的牢笼，过上富足的生活。

第七章

你对世界温柔以待，世界必以温柔待你

生命的完整，在于宽恕、容忍与博大的爱心，如果没有这一切，你拥有了所有，也是虚无。

原谅别人的无心之过，温暖别人的心窝

宽容是对天地间所有生命的一种包容与厚待。

现实生活中，每个人都可能会犯下一些无心之过。当犯下这样的错误时，人们的第一反应就是担心对方会大发雷霆，纠缠不休，倘若对方能够一笑而过，不去计较，那么心里不免会对这个人刮目相看，多了一份欣赏，更赞叹对方的气度与修养。

优雅淡定的女人在面对他人的无心之过时，往往能够站在对方的角度来为对方考虑。她们会去体谅犯错人的心情，知道有些人已经在心里检讨自己很多次了，因此自己就不可再咄咄逼人，让对方更加难过下去。不如去原谅对方的过错，让对方鼓起改正错误的勇气。

一对母女走进了一家餐馆，她们点了餐馆的一个招牌菜糖醋鱼。好不容易等到了上菜，可是还没等菜放到桌上，意外就发生了。

上菜的女服务员，看样子年纪不大，做起事来也不是很熟

练。或许是不小心，在端盘子的时候，手一滑，整盘鱼都洒了。洒了鱼不要紧，更严重的是洒到了那位母亲的名牌包包上。母亲本能地跳了起来，刚刚还跟女儿有说有笑的脸，马上就阴沉起来。眼看着母亲的“火山”就要爆发了。

不过还没等母亲开口，旁边的女儿率先站了起来。对女服务员露出温柔的笑容，说道：“没事，没事，擦一擦就好了。你没烫到吧？”女服务员早就吓坏了，手足无措地盯着女士的皮包，怯怯地说：“对不起，对不起，我真的不是故意的，我马上拿条毛巾给您擦干净……”女儿却说：“不要紧，这边由我来处理，真的没关系。你不要紧张，快去看看自己有没有烫伤。”她的口吻中带着对女服务员的关心以及歉意，仿佛倒是她在给对方添麻烦一样。

母亲瞪了一眼自作主张的女儿，但是在公共场所又不好意思跟女儿发火。因此一直生着闷气，没再理女儿。

回到家之后，母亲就气呼呼地坐在了沙发上。女儿见状，紧挨着母亲坐下，讲起了自己在美国留学时的事情。大学毕业之后，她顺利考取了一所美国大学读研究生。在美国的那段时间，为了锻炼自己的生活独立性，她没有要家里人出生活费，而是在一家华人餐馆做起了兼职。以前，她从来没有做过家务，到了陌生的国度，第一天上班就把事情给搞砸了。

她被分配到厨房去清洗高脚杯。那些酒杯杯托上的细长脚，仿佛稍一用力就会碎掉。她小心翼翼地处理着每一个酒杯，终于把一大堆酒杯处理完毕了。正准备将这些酒杯放到消毒柜里的时候，脚下一打滑，托盘上的酒杯就都掉到了地上，自己也摔了一跤。看着满地亮晶晶的碎片，她仿佛一瞬间触碰到了地狱的大门，感觉自己下一秒就会掉入地狱之中。她以为，领班会冲她吼叫，甚至辞退她。没想到，听到响声急急忙忙赶过来查看情况的领班，看到这番狼狈的场景，慌忙搂住她，关切地问："亲爱的，没事吧？"接着，像关心自家女儿一样，领班上下打量她的情况，在确定没有受伤之后，便吩咐其他员工，将地上的碎片打扫干净，连一句责备的话都没有。领班这样的举动让她十分感激。

还有一次，她在倒红酒的时候，不小心将红酒倒在了一名顾客白色的裙子上。她以为顾客必然会大发雷霆，没想到对方反过来安慰说："没事，红酒渍而已，我经常处理这种问题。"说完，顾客拍了拍她的肩膀，静静地走到了洗手间。

讲完这些经历之后，她对母亲说："妈妈，既然别人能够原谅我的过失，那么我们为什么不去原谅别人呢？今天遇到的那个小姑娘，年纪还没有我当年大呢？您想想，如果我是那个小姑娘，您要怎么对待呢？"

母亲不由羞愧起来，自己活了五十多岁，心胸居然没有自己的女儿开阔。今天，女儿给她上了重要的一课——微笑着去原谅他人的无心之过，才是真正的高贵。

人非圣贤，孰能无过？每个人都可能因为粗心大意而犯错，如果女人总是紧抓住对方的过失不放，一味地去纠结对方的错误，那么就会显得自己太过苛刻与狭隘。如果说女人是水做的骨肉，那么宽容的女人是海水。大海十分辽阔，能够荡涤一切、抹平一切，包括自己身心的狭隘。

人与人在相处过程中，难免会有一些摩擦和矛盾，如果两人互相较劲，谁都不肯退一步，那么只会让局面一直僵持着。懂得宽容的女人就像是冬日里的阳光，能够融化别人心中的冰雪，她们不会去苛责对方，也不会因为愤怒伤害到自己。不懂得宽容的女人，常常会因为一些小事就把他人置于尴尬的境地，也许挽回了自己的一些损失，但是却丢了风度，让自己显得肤浅、愚蠢。

宽容是最高尚的美德，最崇高的境界，最纯净的心灵。懂得去宽容他人无心之过的女人，不仅可以让周围人愿意跟她相处，自己也能活得怡然自得。

* * * * * * * * * * * * * * * * *

吹散乌云，才能看见后面的蓝天

宽容，有时就是一阵吹散乌云的风。

富兰克林说："对于所受的伤害，宽容比复仇更高大得多。"女人遇事如果能够宽容别人，不仅可以让自己及时清除心理垃圾，还能够让别人对你的印象更上一层。宽容别人不仅是一种美德，更有助于健康长寿，因此女性要懂得宽容。

女人要学会宽容，就要让自己保持一种恬淡、安静的心态。

若是整天都在为一些小事而郁闷、恼火，总去向他人抱怨，甚至想方设法地想要报复回来，那么只会耽误自己的事业，让自己失去更多的东西。

宽容是检验女人是否成熟的一个重要标志。宽容的女人，总能心平气和地看待一些事情，让自己时刻保持着清醒的头脑，用爱去化解一切仇怨。

有两个鲁莽少年到加州的一个林场里玩耍，他们开玩笑地点燃了那里的一片丛林。他们打算看看消防警察们灭火时的慌乱的样子，但是情况很快就不再受他们的控制，由于他们的恶作剧，一名消防警察在扑救火灾的时候不幸牺牲了。

那名消防警察只有22岁。他在扑火的时候，被浓烟熏倒后烧死在丛林之中。更让人心痛的是，由于早年丧父，是母亲独自一人将他抚养长大的。他知道母亲抚养自己长大不易，因此他很爱自己的母亲，并时常会向同事透露以后一定要好好回报母亲。这是他参加工作后的第一周，没想到第一份薪水还没有领取就……

在得知了这些信息之后，整个城市的人都愤怒了，市长表示一定要将罪犯绳之以法。警察开始到处追捕，两位纵火少年的照片被散布在了大街小巷的各个角落。所有的一切都是两个少年始料未及的，听着来自四面八方的谴责之声，他们陷入到了深深的悔恨与恐慌之中。

当然，媒体最关注的除了两位少年，更多的是那位失去儿子的母亲。在人们都以为她会不依不饶地谴责这两位少年的时候，她一开口就让所有人都震惊了。

她对记者这样说：“对于儿子的离开，我很难过，但是我现在只想对制造灾难的两个孩子说几句话——你们如今一定活得很糟糕，很可能生不如死。作为这个世界上最有资格谴责你们的我，我想说，请你们快点回家吧，家里的父母一定很担心你们。如果你们回家，我愿意跟上帝一起宽容……”

那一刻，全部的人都震惊了，人们以为她会哭诉，但她没有；人们以为她会谴责，但她没有；人们以为她会失去理智般地对犯人说出狠话，但她没有。到了最后的最后，她用宽容震惊了所有人，也让所有人都流下了眼泪。更让人们感到震惊的是，在这位母亲发表讲话后的一个小时，在邻城一个小镇的一家旅馆里，两名少年投案自首了。

两位少年告诉警察，在那位母亲讲话的当天，他们曾因为承受不住社会的压力买了大量安眠药，打算自杀。但就在这时，他们从电视里听到了那位母亲的声音，顿时泪如雨下。最后，他们听了那位母亲的劝告，放弃了自杀的念头，拨通了警察局的电话。

如今，当年那两个鲁莽的少年已经身为人父，他们经常会带着自己的妻子儿女去看望这位可敬的母亲。在他们心中，这是他们应该做的，是赎罪，也是感谢。就这样，一个悲剧的故事，以一个温馨的结局收尾了。

如若当年那位母亲说出的是另外一番话，结局又会如何呢？可能两条鲜活的生命，就此消逝，而那位母亲必然也永远陷入到孤寂之中，此外，两个少年的父母必然也永远陷入到悲痛之中。乌云可能将永远笼罩在三家人的心里，而那位母亲的宽容就像是一阵风，吹散了乌云。

宽容是女性最为可贵的品质，最崇高的精神境界。一个宽容的女人，她的精神是成熟的，心灵是丰盈的。拥有了宽容之心的女人，她的世界必然充满了鸟语花香，能够感知到世界上一切的可爱之处，不愤世嫉俗，不锱铢必较，让精神达到了“一览众山小”的制高点。

为生活琐事所累的女人要学会宽容，这样做不仅无损于你的尊严，更有助于让你在漫长的岁月之中穿过平庸，使生命变得更加丰富灿烂。

* * * * * * * * * * * * * * * * *

将心比心，体谅也是一种宽容

宽容是一种仁爱的光芒、无上的福分，是对别人的释怀，也是对自己的善待。

科威特女作家穆尼尔·纳素夫曾说：“生活中，谅解可以产生奇迹，谅解可以挽回感情上的损失，谅解犹如一个火把，能照亮由焦躁、怨恨和复仇心理铺就的道路。”生活是一门艺术，当女人懂得给予他人关心与体贴的时候，她的人生必然能够迸发出灿烂的光彩。而一味地去考虑自身的感受与利益，往往会让女人变得自私、爱计较，处处散发庸俗之气，显得心胸狭窄。她们看似是在维护自己的利益，但是有时候伤害的往往是她们自身。

越南战争结束之后，一名美国士兵从旧金山给他在纽约的母亲打电话。他小心翼翼地说道："妈妈，我要回来了。不过，我有一个请求，我有一个战友在这边，他能不能跟我一起回去啊！"

母亲听说在外征战的儿子要回来了，自然高兴得不得了，因此毫不犹豫地答应了儿子的请求。

过了一会儿，儿子又说："可是，我想事先跟您讲一下他的情况。在一次作战中，他失去了一条胳膊跟一条腿，如今他走投无路了，我想要让他跟我们一起住。"

听完这番话，母亲突然开始后悔刚才的回答，说："亲爱的宝贝，很抱歉，我不能让他跟我们生活在一起，不过我愿意去为他找一个安身之所。你要明白，他是一个残疾人，这样会给我们的生活带来很多麻烦。我们连自己都照顾不过来，又如何去照顾一个残疾人呢？我建议你先回家，相信你的朋友很快就能够找到出路的，好吗？"

母亲还没听到儿子的回答，就听到电话嘟的一声挂断了，之后儿子也没有再打来。直到几天之后，她突然接到了旧金山警察局的一通电话，警察告诉这位母亲：她日思夜想的儿子，于几日前跳河自尽了。得到这个消息之后，这位母亲一下子就崩溃了，她伤心欲绝地飞往了旧金山，去确认儿子的遗体。

看到儿子遗体的那一刻，母亲明白了一切——儿子只剩下了一条腿与一条胳膊。原来儿子口中的战友不是别人，正是他自己。

如果母亲当初能够宽容一些，去体谅一位残疾人生活的不易，也许悲剧就不会发生了。当然，这件事也不过是个个别的案例，抛开这件事来看，女人应该明白，人无完人，都存在着一些这样或者那样的缺陷，因此要学会互相体谅，用宽容的心去对待他人，多去考虑一下对方的感受，将会收获很多。

在处理问题的时候，如果只考虑个人的利益，却不顾他人的权益，那么做出来的判断难免会有失偏颇，让人难以接受。站在对方的角度来为对方考虑，如此一来，很多无法解决的问题也就迎刃而解了。一个智慧且淡定的女人，往往都具有体谅他人的宝贵品质。因为她们懂得体谅，所以很少会被嫉妒、愤怒等不良情绪所影响，能够更加客观地处理事情，同时体现个人的修养。

在跟朋友交往时，学会去体谅对方的感受，那么彼此之间的关系将会更加亲近，在碰到困难的时候，一定不会遭受冷眼旁观；在教育孩子的时候，学会体谅孩子的感受，不用自己的期待去束缚孩子的自由，那么孩子的成长将会更加健康；在对待父母的时候，如果能够体谅老人的不易与苦心，那么就会让父母对你更放心也更安心；在跟爱人相处时，如果能够体谅对方的感受，那么夫妻之间就少了一份争执，多了一份和谐。

张琪跟丈夫王刚结婚之后，一直生活和睦，在别人眼里，他们一直都是恩爱有加。结婚的时候，王刚为张琪策划了一场别出心裁的婚礼，婚后想到妻子离开家乡会难受，于是在张琪家乡购置了一套房产，双方在张琪的家乡定了居。

结婚四年之后，张琪突然提出，要搬到丈夫的家乡去生活。问其原因，张琪认为婆婆的身体不好，需要有人照料着。于是两人在商量之后，将父母老家的房子卖了，又在自家附近置了一套房产，将王刚的父母接了过来。如此一来，双方的老人都可以照顾到了。

他们二人结婚之后，几乎没有吵过架。遇到事情有了分歧，双方都尝试从对方的角度去思考，从来不会逼迫对方。作为妻子，张琪十分贤惠，不管丈夫的做法是否会让她满意，她都会说："我能理解你的做法，如果换成是我，我也可能会这样做……"说完之后，再提出另外的想法作参考。这时候，丈夫就能够心平气和地去分析其中的利害，自然也就能够解决问题了。

女人学会去体谅对方，不图一时之快，做伤害别人的事情，那么得到的将会比争来的多得多。

生活是一门艺术，如果女人能够在做好自己的同时，多去关心与理解他人，那么快乐与幸福就会像阳光一样温暖我们的生活。以人心换取人心，相信心与心的感应，更相信播撒什么就会收获什么。当你用自己的光亮去照亮对方的时候，对方必然也会在你需要的时候照亮你。

远亲不如近邻，宽容一点儿又何妨

邻居是自己的镜子，可以从邻居的眼神里审视自己。

俗话说，邻里好，赛金宝。建立一个和谐的邻里关系，往往能够给自己和他人都带来很多好处。毕竟，我们都生活在社会之中，是无法脱离社会而存在的。一个人的能力再强大，也有无法解决的事情，因此就要学会跟其他人打好关系。而邻里关系，也是必不可少的一个关系。

刘阳最近遇到了一件烦心事。

一天晚上，老公加班，刘阳一边看孩子一边收拾家务，为了让孩子不妨碍自己干活，她干脆打开了电视，让孩子看动画片。孩子看到高兴的地方，就开始学着动画片里的剧情又跳又叫。虽然说了孩子几次，见没什么效果也就放弃了。没想到，不一会儿，就有人来敲门。刘阳从猫眼里一看是张陌生的脸，就没敢开门。对方见不开门，就在门外不满地喊道："我是你们家楼下的，你们家能不能小点声，吵得我们没法休息了。"

刘阳一听门外这么说，马上打开了门，跟对方赔礼道歉，之后又当着对方的面训斥了孩子，对方这才离开。

刘阳这才想起来，前不久，楼下装修，这一家应该是刚刚搬过来的。在邻居走后，她忍不住嘟囔了一句："一看就是家里没孩子，有孩子怎么可能不发出点声音呢？"

显然，第一次见面，她对楼下的邻居没有什么好印象。

没出几天，几个朋友领着孩子来刘阳家里聚会，几个孩子差不多同龄，因此很快就玩到了一起。朋友家的一个孩子拿来了很多气球，几个孩子就一起吹气球，吹完之后，孩子们找到了新的乐趣，用飞镖将气球弄炸。刘阳一再让孩子们不要再玩这个游戏了，但是玩得正高兴的孩子哪里会听大人的劝说，依然玩得不亦乐乎。

不一会儿，邻居就上来了，一边敲门，一边说："你们家是要拆房啊，这么大动静！"

刘阳慌忙跟邻居解释："几个孩子还小，不懂事。玩气球，给弄炸了。"

邻居不依不饶地说："孩子不懂事，大人也不知道管管吗？我一天在家才多长时间，就不能让人安静待会儿。"

见邻居不依不饶，刘阳也很生气："您这话说的，我们也是晚上才回家。谁没事专门找你在家的时候闹啊！"

"你还有理了，不把孩子看好，脾气还挺大。"说完，邻居就转身下楼去了。

刘阳很生气，她想，孩子嘛，难免不懂事闹出点动静。互相体谅一下不就好了吗。再说，这是白天，白天弄出点动静怎么了！

从那以后，刘阳只要在电梯里碰到邻居，就把脸扭到一边，不愿意跟对方有交流。

一次周末，刘阳家里的米用完了，油也用得差不多了，可是老公因为工作的原因，一直出差在外。刘阳只能带孩子到超市去买。由于平时都是老公开车，刘阳的驾驶水平不高，在路上开还行，但回来的时候遇到了停车高峰，停车位旁边的车都停满了，这就增加了她停车的难度系数。折腾了几次，刘阳还没将车停好。总是停不好车，让刘阳开始不耐烦起来。正烦闷的时候，楼下的邻居正好停好车走了过来说："停不进去？我来帮你吧。"

虽然刘阳觉得很不好意思，但是也不好意思拒绝，毕竟对方也是一番好意，而自己确实是技术不好。

邻居帮她停好车之后，见刘阳从后备厢里拿出来的东西又是米又是油的，忍不住询问道："这么多东西，你要怎么拿？"说着，就伸手从刘阳手中提过了米和油，让刘阳提剩下的一些水果和蔬菜。

在这一路的相处过程中，刘阳了解到，邻居的妻子有些神经衰弱，所以很怕吵。

听完这些信息之后，刘阳觉得自己一直错怪人家了，其实邻居人挺好的，性子直，有什么说什么，也热心肠，不记仇。反而是自己太过小心眼了，做事也太过情绪化了。

从那以后，刘阳对邻居的印象大为改观。在平时也注意交代家中的孩子，平时玩游戏不要太吵，因为楼下的阿姨身体不好。孩子在妈妈的教导下，也懂事了很多。从此，两家人见面总是乐呵呵地打招呼，有时候家里聚会，刘阳还会叫邻居上来玩。

自古以来，中国人就秉承着“远亲不如近邻”的思想来维护邻里关系。受住宅空间的影响，邻居成了“抬头不见低头见”的存在。

能够在茫茫人海中与这家人比邻而居，不管时间长短，都可以称得上是种缘分。如果想要将这种缘分维护好，双方就要懂得互相关心、体谅。

古人都能够做到“让一让，三尺巷”，我们又有何不可呢？我们要明白，人与人之间毕竟存在着诸多的差异性，因此难免会有一些小碰撞，我们要用宽容的心来看待这些小碰撞。对其显露的缺点和不当之处予以宽容，如此才能让彼此融洽地相处下去。

* * * * * * * * * * * * * * * * *

做个善解人意的妻子，不去跟婆婆计较

出嫁，嫁的不是一个人，而是一家人，因此要学会相互体谅。

女人都是感性动物，她们对待爱情与婚姻往往抱着十分单纯的看法，认为自己结婚之后，只要跟老公感情好，那么就万事

OK了。殊不知，进入婚姻之后，将会面临一种新的生活模式，生活里可能不再有阳春白雪，不再浪漫，将会与现实为伍，出现很多从来没有处理过的问题。婚姻的实体，不仅仅包括老公一个人，还有老公的家人。而他的家人，往往跟你并没有什么感情基础，一旦家庭关系处理不当，就可能引发一系列的问题。

在进入婚姻之后，跟婆婆的关系，是女性最常要处理的问题。

周茜是公关公司的经理，她的老公是一名大学教师。平时周茜工作繁忙，没时间料理家务，都是由工作相对轻松的老公来承担。周围很多朋友都羡慕周茜找了这么一个体贴的老公。周茜也很是得意，有时候自己忙起来忘了吃饭，老公还会贴心地将饭菜准备好端到她跟前，嘱咐她要吃饭，太晚的时候，老公还会热上一杯牛奶，让她早点休息。不过周茜的幸福生活在婆婆到来之后就打碎了。婆婆对这对夫妻的相处模式十分厌烦，认为这种生活有悖常理，她见不惯媳妇每天加班晚归，更受不了儿子每天做家务，甚至将饭菜准备好端到媳妇面前。

有一次，周茜正在家里赶工作进度，就听见婆婆在厨房训斥老公："你个没用的东西，我辛辛苦苦供你上学，终于出人头地了，居然还要给你媳妇把饭端过去。她是没长手啊，还是没长脚啊！"说着说着就哭了起来。

婆婆说得很大声，显然是为了让她听见，周茜马上放下自己手上的工作，跟婆婆争执起来了："我不就是没做家务吗？您犯得着把话说得这么难听吗？我加班为了什么，不就是为了这个家吗！他上班轻松，有时间就多承担了一些家务，要不让他出去挣钱，我在家伺候着？”

两个女人越吵越激烈，争得面红耳赤的。之后，婆婆对待周茜的态度越来越恶劣，她整日唠叨，晚上做饭的时候，只做儿子喜欢吃的，从来不问周茜喜欢什么。周茜想不明白，怎么她儿子提什么意见都可以，自己就不能提要求了。周茜觉得自己十分委屈。

在婚姻中，女性应当明白，自己对老公的爱与婆婆对儿子的爱，是两种完全不一样的爱。因此不要用自己的方式去揣测别人的爱的表达方式。

媳妇觉得老公对自己好是一种理所当然的行为，而婆婆往往会觉得，自己辛辛苦苦养大的孩子凭什么去伺候别人，因此会出现心理不平衡。

其实婆婆跟媳妇都没有错，并没有什么原则性的问题，只是她们的行为方式有所不同而已。很多时候，婆媳关系之所以不好，都是由于丈夫这个中间人惹的祸。婆婆觉得你抢了她的儿子，而你觉得婆婆在没事找事，于是在敌对的情绪下，双方的关系越来越恶劣。

其实，家庭关系并没有我们想象中那么复杂。婆婆也没有那么难以相处。仔细回想就会发现，大家争论的不过是一些无关紧要的琐碎小事情，为了这些小事情伤了一家人的和气是十分不值得的。因此要学会互相体谅一下，学会不跟婆婆计较。在跟婆婆相处的时候，要学会用一颗宽容之心，体谅婆婆，不在婆婆面前唠叨丈夫的不是。以免让婆婆心烦，觉得自己教子无方。另外，要学会夸奖婆婆，最好不要当着婆婆的面夸，以免婆婆觉得儿媳妇过于虚假。可以让第三个人去把话传到婆婆的耳朵里。要学会去承担责任，改变不了婆婆的时候，就试着改变自己。因为老人通常比较固执，你越是跟她说，她可能越是不会改变。不如当着婆婆的面多多照顾自己的丈夫，假如婆婆看到你善待她的儿子，那么很多误会与误解也就不复存在了。毕竟，在所有母亲的心里，儿子幸福便是她最大的幸福。

婆婆毕竟是上了年纪的人，可能有时候会有些啰唆，在看不惯一些事情的时候，难免会唠叨几句，这时候，你要学会体谅，抱着“家有一老如有一宝”的心态，去妥善处理婆媳关系，做一个善解人意的好儿媳。

仇恨再理直气壮，也会遮挡心灵的阳光

仇恨会让你明明生活在天堂，却仿佛置身于地狱。

仇恨，是一种正常的心理情绪，是比厌恶更高一级的心理情绪，属于一种自我保护的本能。对于一些女人来说，仇恨，类似于某些中药的东西，性寒、味苦，如果无病无灾，吃多了就会变

成毒，损害身心。

仇恨，往往是由于人们在社会交往中，对给自己带来伤害或者不愉快经历的人产生的情绪。当这种情绪积攒到一定程度的时候，就需要找一个发泄口将这种情绪发泄出去，以此来达到心理平衡。可是有些女性所选取的发泄的方法往往是错误的，她们往往会将报复作为唯一的发泄渠道，仿佛只有这样才能了结心头之恨。一旦产生了这样的念头，就会将对他人的仇恨无限放大，让自己沦陷于这种仇恨之中。

仇恨就像是一个无形的枷锁，捆绑着人们的心灵。心里一旦种下了仇恨的种子，那么就会让种子一点点变成参天大树，遮挡心灵的阳光。而实际上，报复并不能让人们从仇恨中解脱出来，只会让仇恨朝着更深层次蔓延、传递，甚至会造成一些更难以挽救的后果。

张莉大学毕业之后，就进入到了一家传媒公司当策划。初出茅庐的张莉心地单纯，为人热情善良，很快就跟做着同样工作的王娟成了好友。她们每天上班时，互相协助，下班之后还经常约着一起吃饭逛街看电影。

让张莉万万没想到的是，王娟居然在背地里给自己下黑手。有一次，公司打算让张莉负责一个新项目，可没想到最后居然被王娟抢了去。这让张莉觉得不可思议，但后来王娟解释说，事前不知道这个项目原本是要发给张莉负责的，事后还给张莉赔礼道歉。张莉也就没再多想，可是不久，公司领导安排职工出国交流学习的机会，候选人就是张莉和王娟两个人。如果能够获得这次机会，不仅意味着可以免费出国学习，还意味着回来之后将会升职加薪。不巧的是，领导征询意见的那一天，张莉突然发烧，所以让王娟帮自己请个假。没想到，王娟居然对领导说，张莉是故意旷工，还在领导面前说了不少张莉的坏话。如此一来，出国的机会自然就给了王娟。

等到张莉病好上班之后，她发现领导看自己的眼神都不对了，然后她又发现一个可怕的事实就是王娟已经坐飞机前往国外了。领导因为张莉故意旷工，还把她狠狠地批评了一顿，张莉这才知道是王娟在背后捣的鬼，一时间气愤不已。她回到工位之后，看到王娟的桌子上摆着一份王娟刚跟客户签订的数额不小的合同，一时气不打一处来的张莉就偷偷将那份合同塞进了自己的包里，事后给撕掉了。她想："丢了这份合同，领导肯定很生气，看你到时候怎么辩解！"

可是后果远远比张莉想象中要严重得多，因为合同丢失，公司赔了一大笔钱。后来通过调查，领导知道是张莉所为，在听完张莉的解释之后，将张莉和王娟都开除了。

生活中不公平，防不胜防的事情有很多，在遇到这些事情的时候，首先，女性要让自己先冷静下来，找到问题的根源并理性对待，如此才能解决问题。万不可因为一时的愤怒，做出伤人伤己，于事无补的事情出来。

仇恨会改变一个人的生活轨迹，让原本可以一片晴天的人生布满了阴霾。其实，一旦人们活在了仇恨之中，就会变成只因为仇恨而仇恨，一心想要报复，最终让自己一直背着沉重的枷锁生活。

金庸在《射雕英雄传》里塑造了这样一个人物——刘瑛姑。她花了五十年的时间来恨一个人。那个人叫裘千仞，他曾经杀害了刘瑛姑的孩子。这是在所有的金庸著作中，时间最为长久、也是最刻骨铭心的一场仇恨。这样的仇恨，让瑛姑即便白了发，也誓死要找到凶手，为自己死去的孩子报仇雪恨。可是当这个她心心念念的仇人站在她面前的时候，她是什么反应呢？

她居然不认识仇人了。她白了他一眼，漫不经心地说："我怎认得这和尚？"旁边的人温柔地提醒她：这可是你的大仇人啊。你恨了他五十年的。刘瑛姑这才反应过来，尖声大叫："裘千仞这恶贼，你便是尸骨化灰，我也认得出你！"

看看，前一秒，她还不认识对方；后一秒，又变成了"化成灰我也认识你"。

仇恨就是这样，我们可能已经忘了对方的样貌，甚至可能忘记了对方对我们做过的事情，但是却忘不了这种仇恨。你背着这个仇恨的情绪越走越远，让自己慢慢活成了一个悲剧女主角。

优雅淡定的女人不可让仇恨蒙蔽了我们的心灵，仇恨只能化解，不能无限放大。我们的大好年华，不能浪费在仇恨上，要懂得放下，才能步履轻松地生活。在优雅淡定的女人心里，仇恨就应当像花儿一样，开在哪里便谢在哪里，不牵连，不波及，不惦记。

宽恕是治愈伤害的良药

一个人的快乐，不是因为他拥有的多，而是因为他计较的少。

犯错是常见的平凡，宽恕却是一种超凡。假如我们看别人不顺眼，对别人的行为不满意，痛苦的不是别人，而是自己。

有这样一幅漫画：A拿了一张白纸，用一支笔在中间画了一个黑点，然后问B：“你看到了什么？”“一个黑点啰！”B一脸不屑地回答说。A再问：“为什么这么大一片白色你看不到，而只看到这黑色的一小点呢？”B一脸茫然。

这的确是一个发人深思的问题。在这个五光十色的社会中，我们往往是一眼就能看到别人的小小缺点，而对更多的优点却视而不见。原因可能很多，而习惯性的自私、嫉妒心理大概是主要的原因。看到他人的利益，看到他人的美好，往往高兴不起来，只能说明我们的心胸太狭窄了。然而，宽恕就是治愈嫉妒、自私、心胸狭窄的最好方法。宽恕，是人类的一种美德，宽恕本身，除了减轻了对方的痛苦之外，事实上，也是在升华自己。因为，当我们宽恕别人的时候，我们自己反而能得到真正的快乐。

你在心里说："我恨你！"但是你恨死对方，对方也许并不知情。因为不知情，他不会有任何损失，也不会有什么负担，反倒是你自己的内心，因为有"恨"而一刻也不得宁静，痛苦不已。因此，我们要了解，"恨"是世界上最愚痴的行为。唯有懂得宽恕别人，才能得到真正的快乐。如果一个人的快乐，是希望从别人身上去获得，那会比一个乞丐沿门乞讨还要痛苦。

生活中，宽恕可以产生奇迹，宽恕可以挽回感情上的损失，宽恕犹如一个火把，能照亮由焦躁、怨恨和复仇心理铺就的黑暗道路。

爱伦是一位天真烂漫的少女。她的生母遗弃了她，这让她非常气愤，她常常问自己为什么生母不抚养她呢？后来，她找到自己的生身父母，发现当年的他们很年轻，十分贫穷，而且没有结婚，只是同居在一起而已。

后来，爱伦的一个朋友怀孕了，因为没有做好当母亲的打算而心生恐惧，于是只好把婴儿打掉了。爱伦帮助她渡过了难关。渐渐地，她懂得了，在这种环境下，只能这么做。她开始理解自己生母当时的处境了——因为太爱自己的孩子，所以只得送给别人，否则就会饿死。爱伦的同情心使她的愤怒情绪渐渐平息，她原谅了自己的生母，并找到了自己作为一个坚强有用的人的价值。

爱伦的做法是可爱的、明智的，当我们宽恕别人的时候，我们既治愈了创伤，又创造了一个摆脱过去痛苦的新起点。

宽恕曾经伤害过我们的人是避免痛苦的最好方法。宽恕不只是慈悲，也是修养。宽恕之所以很困难，是因为我们都认为，每个人都应该为自己所犯的错误付出代价，这样才符合公平正义的原则，否则就是便宜了犯错的一方。但是不宽恕往往会产生痛苦、埋怨、憎恶、报复等副作用，这些结果值不值得再承受，恐怕才是更重要的一个问题。

宽恕是一种能力，一种停止让伤害继续扩大的能力。没有这种能力的人，往往需要承担因为报复所产生的风险，而这风险往往难以预料。悠悠岁月，茫茫人海，谁能保证不犯一点儿错误呢？不愉快的记忆，使我们不能从被伤害的阴影中平安归来，痛苦总是如影随形，我们也就不能放松和平静了。所以让我们以一颗宽恕的心去对待曾经伤害过我们的人吧！

抛弃怨恨，选择宽恕吧，宽恕别人，也是给自己一片新天地。

快乐不是别人可以给我们的，而是要由我们自己来解脱，自己来超越。想要得到快乐，就不要太过于敏感。因为过于敏感，会对周遭的一切都太在乎、太在意，那就像自己用绳子绑住自己一样，是自找麻烦，自讨苦吃。因此，快乐要先学习宽恕别人，宽恕是升华自己的本源，两者相辅相成，若能运用在生活当中，那么，便能心宽如海，远离痛苦了。

宽恕是治愈伤害的良药。对于大多数人来说，宽恕他人也许要作很大的努力。如果不能宽恕，那么，至少可以忘掉他人对自己的伤害。对他人宽恕越多，你获得的快乐可能也越多。

内心的平静，是通过改变你自己而获得的，而绝不是通过报复获得的。为了你自己，为了快乐，为了内心的平静，为了光明的未来，请改变你自己。宽恕了伤害你的人，才能获得更多美好的生活！

心理测试

你是不是个善于宽容的女人？

你到了一家知名的健身中心，打算聘请一位专业的女教练来指导自己练习。你觉得给你作指导的教练小姐属于哪种类型？

A.甜美型

B.气质型

C.美艳型

答案解析：

A.甜美型

计较指数90分

你虽然表面上看上去人畜无害，十分随和，但是内心却总会在意一些小地方。有时，你对一些不平之事并非像表面呈现的那般不在乎，只是由于碍于他人的眼光，所以一直没有将不满发泄出来。在你的内心深处，你是一个十分爱较真和计较的人。

B.气质型

计较指数20分

你是一个很随意的人，不愿意去计较太多事情，出手大方，人际关系也一直不错。你认为吃亏就是占便宜，争抢这类的事情，你做不出来。对于他人对你的伤害，你也不会记仇，同时也不会去嫉妒他人，是个很容易满足的人。

C.美艳型

计较指数60分

你给别人的第一印象是精明能干，可以轻而易举地搞定很多事情，但是这不过是你的外在性格。由于你期望能够将所有事情都做得十分完美，所以会去计较一些东西，要求也会比他人多得多，但是私底下的你，其实是个很随意的人。你的反差，有时会让人难以适应。

第八章

爱是岁月里最烈的酒，情是相知中最浓的香

爱是岁月里最烈的酒，醉了心；情是相知中最浓的香，静了心。不需海枯石烂的誓言，彼此相望的眼睛，便是最美的风景；彼此相知的心灵，便是最暖的感应。

够得着的幸福，才是最好的幸福

有些幸福，一伸手就触摸得到，才容易抓牢。

婚姻就像是穿鞋，合不合适只有脚知道。其实，幸福的婚姻通常都是无法复制的，因为没有固定的模式。但是在我们进入婚姻之前，应当率先了解自己，找一个适合自己的，而不一定是最好的。

很多女孩在找另一半的时候，过于看重物质，认为条件好一些，才能保证之后的生活过得好一些，这是无可厚非的。但是女人们也应当明白，过得幸福与否，虽然跟物质有着一些关系，但是更多的是在于二人的感情是否坚固。

婚姻不是要对外出售的商品，你选择的男人，将会是陪伴你一辈子的人，是你孩子的父亲，是你父母的女婿，这些东西都是不会展现给外人看的。

林晓是个各方面都十分出众的女孩子，不仅有着高挑的身材和漂亮的脸蛋，而且有着极强的工作能力。她的身边从来不乏追求者，但是林晓对丈夫的选择一直都十分慎重，她明白什么样的男人是最适合自己的。

同事王磊与大学同学张远都曾对林晓展开过追求。王磊虽然长相一般，收入也不是很多，但是却十分细心、体贴，而张远则帅气逼人，收入也很高，是典型的王子类型的男性。周围的朋友都劝林晓去选择帅气多金的张远，而最终林晓却出人意料地选择了温柔体贴的王磊，并跟他携手走进了婚姻的殿堂。

对于林晓为什么会选择王磊，而没有选择张远，周围的人都感到十分不解。后来，在一次聊天中，林晓自动道出了其中的缘由。林晓觉得自己在生活方面一直是个粗枝大叶的人，经常会为了工作废寝忘食，因此她很渴望有个能够细心又关心自己的人来照顾自己。而王磊就给她带来了这份温暖。至于帅气多金的张远，林晓认为，对方虽然相貌帅气，家境优越，但是却并不适合自己。朋友问她为什么，她说："男人帅气多金，这是一个很好的条件，但是在这样的男人身边，我很没有安全感，会为了配合他的优秀，而不断地逼迫自己也变得更加优秀，如此一来会让自己活得很累。而张远的性格跟自己太像，都是事业型的人，双方在对待感情方面过于理性，从而导致很难将感情进一步升华。自己找丈夫是要一起搭伙过日子的，不是为了拿来跟外人炫耀的。所以我更愿意去找一个能够体贴包容自己的，如果不能包容自己，那么条件再好又有什么用呢？其实，最好的幸福，无非就是你在闹，而对方在笑，如此温暖地过一生。"

曾有人说过，真爱就是当你知道对方不是自己所崇拜的人，而且了解对方的缺点，依然选择对方。在进入婚姻之前，我们先要做的事情，首先是要能够了解自己，知道自己最想要的是什么，对婚姻生活寄予的希望是什么，如果你跟对方牵手，是否能够让婚姻保持和谐……这些都需要慢慢考虑清楚。

通常情况下，在进入婚姻之前，女子不妨从以下两个方面对对方做出评价：

1.你们的精神生活默契吗？在价值观方面是否有认同感呢？他的气场是否罩得住你，让你在精神上产生一定的依恋呢？优雅淡定的女人要弄清楚，爱情是任何东西都无法代替的，因为对方是要跟你携手一生的人。因此要搞懂这些问题，比如如果一个特别爱物质和一个不太爱物质的人在一起，往往会产生冲突……精神上的契合是十分重要的。

2.你们的社会生活是否有交合。女人要明白，恋爱是两个人的事情，但是婚姻往往是两个社会群体的事情，最好的婚姻应当是彼此之间能够奇妙地融合，彼此熟悉各自的圈子，接纳彼此的朋友，如此一来，你们才会更爱这个世界的一切，你们比之前更能知道父母的养育之恩的厚重，更懂得如何经营朋友圈……这些相互间的接纳，会让你感到感情更加扎实，除了爱情，你们还有着其他关系的维系。

女人只有知道自己想要什么，什么样的男人最适合自己，能够去除浮躁，才能够安安稳稳过一生，享受稳稳的幸福。

* * * * * * * * * * * * * * * * *

不要妄图去改变另一半

大多数人想要改造这个世界，但却罕有人想改造自己。

俗话说："人各有志，不能强求。"其实这个道理同样适用于婚姻之中。在进入婚姻之前，不少女人会按照自己的方式去改造对方，妄图将对方打造成自己心目中的样子。但是她们不明白，夫妻双方其实都是独立的个体，当然会存在大大小小的不同点，因此按照自己的标准去改变对方，是没有必要的，也是不可能的。

曾经有专家对一些失败的婚姻进行调查，结果发现，有很多夫妻的婚姻之所以走向尽头，是由于结婚之后，总有一方试图将对方打造成自己期待的样子，但是人们往往并不希望被他人所改造，更不想要生活在别人的影子里，结果导致感情破裂，婚姻以失败告终。

从心理学的角度来看，男女双方如果兴趣爱好和生活习惯都不同，与其去改造对方，不如怀着一颗包容的心，本着求同存异的原则，和睦相处下去。但是很多女人却无法做到这一点，女人常常会对对方怀有一定的幻想，因此她们总会试图想要去改造自己的丈夫，而改造的标准就是自己，比如自己不抽烟、不喝酒，那么她们就希望男人也能做到滴酒不沾；自己喜欢宅在家里，就希望男人也能够跟自己一起待在家里看看书、看看电视；自己喜欢干净，那么就想要将男人也打造成一个爱干净的人……女人们的“改造行为”，往往会渗透到生活的方方面面，细枝末节一个不漏。

可是改造的结果如何呢？很遗憾，大部分都以失败告终。女人用尽各种招数去改造对方，结果却不尽如人意。男人们依然是原来的样子，甚至会开始厌烦女人的唠叨、麻烦，从而影响了双方的感情。所以说，优雅淡定的女人往往不会去做这样的蠢事。

张楚楚在跟白晓冉结婚之前，有一个很喜欢的男明星。后来，二人结婚之后，楚楚越来越喜欢那位男明星，于是就打算将老公也改造成对方那个样子。男明星很搞笑，她就总让老公增强一下自己的幽默感。刚开始的时候，白晓冉觉得这样也没什么，于是就为了哄老婆开心，常常会说一些笑话。可是后来，楚楚的要求越来越多，比如男明星喜欢绿色，她就总给老公买绿色的衣服；男明星喜欢做饭，她就要求老公也必须常常做饭给自己吃；男明星会给女友买很贵重的礼物，她也要求老公这样做……种种的要求下来，让白晓冉不堪重负。最后，他终于举起了反抗的大旗，跟老婆说出了自己内心的想法：“我就是我自己，我自己的剧本要自己来编写，我不是别人的影子，不要妄图改变我。”

在白晓冉说出自己的想法之后，张楚楚才意识到，自己一直都有些任性，也难怪老公会心烦。

为此，她深刻地检讨了自己，再也不试图去改造老公了，二人的关系也越来越好了。

正所谓“江山易改，本性难移”，每个人都是一个独一无二的个体，有着自己特有的个性，这种个性是很难更改的。聪明的女人不会费尽心机地去改造男人，她们会在求同存异的基础上去寻求生活上的快乐与幸福。一厢情愿的改造不仅很难成功，而且会导致爱情和婚姻出现裂痕。既然如此，女人何必要去做这么吃力不讨好的事情呢?

不可否认，像抽烟、喝酒、打牌、不讲卫生等这些坏习惯，女人们总想要去改造它们，但是你也要明白，有些男人的缺点是与生俱来的，你在接受优点的同时，也要学会去接纳缺点，如此你们的婚姻生活才能和谐幸福。

改造往往会带有一定的破坏性，而婚姻往往是需要小心轻放的玻璃杯，稍不留意可能就会将它打碎。男人的缺点就像是玻璃杯里的气泡，怎么看怎么不舒服，因此女人们总先要去除它，但是显然想要去除玻璃杯的气泡，必然需要打碎玻璃杯。因此，如果男人们有些坏毛病，如果他还懂得节制，且没做出什么出格的事情，女人们不如尽量用宽容的态度对待他。在爱情和婚姻里，宽容往往要比改造更重要、更理智。

* * * * * * * * * * * * * * * * *

唠叨是让人心烦气躁的致命毒药

唠叨的女人就像夏日的蝉，让人听着心烦。

卡耐基在《人性的弱点》中说道："唠叨是爱情的坟墓。"由此可见，唠叨带来的恶劣影响。在一项关于男人讨厌女人做的事情的调查中发现，排在首位的就是"唠唠叨叨"，远远高于排在第二名的"不爱打扮"很多票。由此可见，男人们宁愿忍受女人不漂亮，也不能忍受女人唠叨。

女人为什么会唠叨呢？总结起来，一是由于女性往往是家务的主要负责人，男人大大咧咧不管事，女人则比较细腻，会管很多琐碎的家务小事，这时难免会多说几句；二是由于女人们都有很强的爱心与责任心，她们为家中的每一位成员操着心；三是由于女人想要把自己的想法或者一些遭遇向丈夫倾诉，希望借此能够得到丈夫的体贴与信任……

其实，大多数原因都表明，女人的唠叨本意是好的，但是可能由于自己的心情过于急切，所以就变成了唠叨。可是从古至今，女人的唠叨对爱情和婚姻往往是不利的。

女人的唠叨往往会让自己的情绪变得更加急躁，而且会让男人感到压力和限制，同时在潜意识里会产生一种不被信任感。女人在唠叨的时候，男人有时会产生一种反感，认为女人是在试图管教自己，认为女人的唠叨是对自己的抱怨，日积月累之后，就可能引发家庭矛盾，甚至可能导致家庭破裂。

张先生结婚之后，常常会愁眉不展。在一次聚会上，喝醉酒的张先生忍不住向他的好友透露了自己心烦的原因："女人真是麻烦，每天都唠唠叨叨，跟个蚊子似的，让人心烦。"

原来，张先生自从跟妻子结婚之后，就常年经受妻子的唠叨。自己一回到家，妻子就开始了，不是抱怨他鞋子没摆对地方，就是跟他抱怨邻居太吵，要么就讽刺婆婆不把她当回事……上班已经累得精疲力竭的张先生，原本希望能够回家之后安静地休息休息，没想到老婆唠唠叨叨的像念紧箍咒似的让人心烦。

后来，张先生决定不再理会老婆的唠叨，没想到老婆觉得这是他不关心自己的表现，唠叨得越来越厉害。由于害怕老婆的唠叨，张先生宁愿在公司加班，也不愿意回家。

陶乐丝·狄克思认为："一个男性的婚姻生活是否幸福和他太太的脾气性格息息相关。如果她的脾气急躁又唠叨，还没完没了地挑剔，那么即便她拥有着普天下的其他美德也都等于零。"

如果你发现自己是个爱唠叨的女生，不妨从以下几点来改善自己与丈夫之间的关系：

1.注意给丈夫私人空间。

忙了一天，好不容易见了面，这时候双方可能都处于比较累的状态，甚至可能还在为某件事而心烦。如果你这时候唠唠叨叨可能会让对方更加心烦。不妨给对方一些私人空间，等到双方都比较放松的时候，再进行交流。另外，在发表自己的意愿或者看法的时候，不妨采取委婉和幽默的方式，避开重复的唠叨和埋怨。

2.在遇到不愉快的事情时要学会冷静对待。

有些女人在遇到不愉快的事情时，常常会迫切地想要找人诉说。其实这本没什么，但是女人们在诉说的时候往往会情绪失控，一而再、再而三地说。这时候，女性不妨通过其他途径把坏情绪排解出去，比如出去跟朋友娱乐一番、买点美食犒劳一下自己，以防影响双方的关系。

3.就事论事，停止唠叨。

一些生活的小事，唠叨要点到为止。不然，事事都给对方挑出来，可能会让他无所适从，不知道自己错在哪里了。

4.有意识地自我控制。

有意识地控制自己的语速与说话的总量，尽量不去重复一件事，养成一件事只说一次的习惯。

* * * * * * * * * * * * * * * * *

在婚姻中，学会体谅对方的小缺点

宽容能把夫妻间经历的酸甜苦辣转化为五彩的乐章。

中国有句俗话：“金无足赤，人无完人。”这句话就告诉我们，世上并不存在十全十美的事情，也没有十全十美的人，所谓的完美，不过是一厢情愿的幻想罢了。

著名影视明星徐帆在做客一档节目的时候，曾有观众向她提问说：“您的丈夫是中国乃至亚洲最著名的导演之一，在您心中他是完美的吗？”徐帆听到问题，笑了笑说：“我不会用完美这个词来形容一个人。一个人如果完美了，他就不是一个人，一个人有优点有缺点，才是一个真正意义上的人。没有缺点的人是没有的。”由此不难看出徐帆对待感情的成熟。

在这个世界上没有完美的爱人，也没有完美的婚姻。婚姻本身就是一种存有缺陷的生活，双方各自有着各自不同的缺点与毛病。在婚姻之中，随时可能出现这样或者那样的问题，因此双方要学会体谅，不然将会让婚姻出现裂痕，最后不欢而散。

一天，柏拉图向他的老师苏格拉底询问什么是爱情。苏格拉底将他带到了一片麦田之中，让他去挑选一棵田里麦穗最大、最金黄的带回来，不过有个前提条件就是只能摘一次，并且只能向前走，不能走回头路。结果，柏拉图在麦田里走了一遍，双手空空地回来了。

苏格拉底问他为什么没有摘到，柏拉图回答说："因为只能摘一次，又不能往回走，虽然曾经看到了一棵又大又黄的麦穗的，但是总觉得前面的会更大更好，结果就没有摘；等到走了一段之后，发现还是之前看到的那棵更大更好，所以我什么都没摘到。"苏格拉底笑着说："这就是爱情。"爱情是一种理想，但是很容易错过。

又过了几天，柏拉图向苏格拉底询问什么是婚姻，苏格拉底将他带到了一片树林里，让他砍下整片树林中长得最大、最茂盛的一棵树来做圣诞树。同样要求只能砍一棵，且只能向前走，不能往回走。柏拉图想起了上次的经历，于是信心满满地去做了。结果，他带来了一棵看起来十分普通，不是很茂盛，也不算太差的树回来。

苏格拉底随即问他：

"你怎么带回了这么普通的一棵树？"柏拉图说："因为有了上次的教训，当我走到树林中央的时候，发现这棵树又大又茂盛，很适合做圣诞树，于是就毫不犹豫地砍了下来，免得错过。"苏哥拉低笑着说："这就是婚姻。"

美国婚姻专家马克·冈戈尔说："世界上没有所谓的完美伴侣，想要拥有美满、幸福的婚姻，最重要的是和伴侣建立良好的沟通方式，同时一起努力维系夫妻关系，而不是在感情和婚姻出现问题之后，就断定自己选错了对象。

张倩跟丈夫是通过别人介绍而认识的，当初由于一些原因，张倩在还没确定自己的感情时，就被家人逼着结了婚。结婚之后，张倩越看丈夫越不顺眼，常常对自己的婚姻懊恼不已。

结婚不久之后，张倩开了一家小商店。原本张倩认为只要双方努力，商店就能够开起来。结果她发现丈夫根本不顶用，无法独当一面。让他照看店铺，他总是笨手笨脚的，还常常算错钱；让他去进货，进来的产品不仅价格高，质量还常常出问题；后来，张倩生了孩子，让丈夫专门带孩子，没想到连孩子都带不好。张倩看着这样无能的丈夫，也是气不打一处来，经常会跟丈夫吵架，后来还差点儿跟他离婚，但是一想到孩子还这么小，于是就将就维持着婚姻。

后来，有一次张倩生病住院，家里的重担一下子全都落在了丈夫一个人身上。在进手术室之前，丈夫红着眼睛安慰张倩说："不用担心，有我呢！"一句简单的话，却让张倩十分感动。

手术结束之后的住院期间，丈夫每天都会在张倩的身边细心照顾。张倩在住院期间开始回想自己跟丈夫相处的点点滴滴，发现自己常常给丈夫气受，但是丈夫却从来都是打不还手、骂不还口表现得十分绅士。再加上这次住院，一直在医院照看自己，张倩觉得要重新去看待这段感情。

世界上不存在完美无瑕的婚姻，每对夫妻都可能会出现问题。想要婚姻幸福和长久，就要学会妥协和包容。优雅淡定的女人不会让完美主义拖垮自己的婚姻，她们会及时地用包容与爱去滋养自己的婚姻，让自己去享受婚姻的美好。

* * * * * * * * * * * * * * * * *

不要因为他的过去透支你们的现在

让过去过去，将来才能到来。

每个人都有自己的过去，那是抹不去的记忆。女人不能总盯着对方的过去，这样不仅不会让自己舒服，还会让自己陷入到胡思乱想之中，觉得有一根针钉在自己的心里隐隐作痛。在爱情的世界里，优雅淡定的女人要学会善待男人，不去计较对方的过去，毕竟你才是他的现在，而你喜欢的也是现在的他，而不是过去的他，只要彼此在一起就应当互相信任。彭丽媛女士说过一句很经典的话：女人，只要管好自己，已经很了不起了！干吗要去管男人呢？听话的男人不用管，不听话的男人管也管不到。对你好的男人不会让你管，爱你的男人不用管，不爱你的男人，轮不到你管。

在很多情况下，面对女人的追问，男人会选择避开这个问题，其实这并不意味着男人不想要你知道他的过去，而是因为他担心过去会影响到现在，甚至影响到未来。他不想告诉你，可能是为了你好，为了你们的爱情能够走得更远，因为一旦你知道了，就可能会拿着他的过去与现在来进行比较，如此你们的爱情就容易出现裂痕。因此，聪明的女人绝对不会拿男人的过去来影响到自己现在的幸福。

她在为男朋友收拾房间的时候，无意中发现了一件东西：一个刻有他跟另外一个女孩名字的银戒指。这枚戒指一直被男友细心地装在一个很漂亮的盒子里，放在书桌的抽屉里。如果不是这次打扫，恐怕她一直都不知道有这枚戒指的存在。

在她询问之后，他坦言，这是他初恋女友的东西，而如今他与前女友早就没有了联络，只是想要保存起来做个纪念，没有什么其他的意思。

她有些难以接受，说："为什么你不能将它扔了？这戒指到底算什么？证明你依然对她念念不忘？那我在你心中到底是什么位置呢？"

他微叹："很重要的位置！"

她对这个回答并不满意，跟他大吵了一番。之后，那个戒指就像是扎在了她心上的一根刺，每每想起来，就让她十分难受。她想要让男友将那枚戒指扔了，不过男友一直没有这么做。因为心里一直惦着这件事，所以她跟他的小摩擦就越来越多，后来双方越来越不和，最后分了手。

没多久，男友就离开了她所在的城市，临走的时候，他托人送了一个礼物给她，是一块很漂亮的玉佩，用一个精致的首饰盒子装着。

拿到那个盒子的时候，她想都分手离开了，还收他的礼物有什么用呢？当她打开那个盒子的时候，里面有一张小纸条，上面写着："让它为我们曾经有过的爱做个纪念吧！"

从此，他从她的世界里消失，而那块玉佩一直被她放在抽屉里面。再后来，她有了自己的家庭，丈夫比她大，对她十分关心，是很有幽默感的男人，她与丈夫的关系一直很好。

婚后一年多，有一次，她跟丈夫回娘家吃晚饭，在休息的时候，丈夫发现了那个她摆在抽屉里的玉佩。丈夫说多好的一块玉佩，怎么从来没有见你戴过？她微笑不语。

聪明的丈夫猜到了，笑着对她说："是你前男友送给你的吗？其实，我跟我前女友分手的时候，她也曾送过东西给我。"

她惊讶，问为什么从来没见过。

丈夫回答："当然没见过，在乡下老家呢。其实爱是我们生命中最美好的相逢。不管这份爱情到底有没有开花结果，都是难能可贵的一段经历。所以她送了，我就收藏了，但是这并不会影响我爱你！就像这块玉佩不会影响你爱我一样。"

她想起当年她在他房间里看到的那个戒指，觉得其实当时真的有点太无理取闹了。

优雅淡定的女人明白，没有必要为了过去占用现在的时间。在爱情里，只要对方是真心实意地对你，忠诚于你们之间的感情，那么他的过去就不可一提再提。

恋爱中的女人，最好不要去触及对方的过去，这一点一定要把握好，过去就让它过去吧，有些事情不知道反而会轻松很多。

女人要学会成熟一些，大度一些，不要总是斤斤计较，这样的女人才是最有魅力的。聪明的女人一定要能够在恰当的时机让男人感受到自己的成熟与气度，这样才能让男人珍惜与疼爱自己。

优雅淡定的女人，会用一种正确的态度去看待对方的过去，去完整地了解对方的过去，而不是因为对方的过去跟对方怄气或者吃醋，你要明白，如今的他，是他的前女友所打造出来的，因此你反而应该要感谢他的前女友，将他变成了一个成熟体贴的男人。

不要总是抓着对方的过去不放，过去的已经过去了，给对方一点儿空间，也让自己心情舒畅，整天胡思乱想会老得更快，会更伤害两人之间的感情。

女人啊，想了解男人的“过去”，可以，但是要能以平常心去衡量男人的过去，不要总是站在自己的角度斤斤计较，毕竟谁都有过去。你要做的是好好珍惜你们的现在。毕竟这才是你跟他的时间。

别用猜忌去弹爱情的琴，不然容易断弦

深爱总是败在猜疑，然后分离。

猜疑是人们普遍存在的一种心理，正常的疑虑可以让人们避开一些危险的情况，或者挽救一些损失。如果一个人心中毫无疑虑，做人做事毫无防备，大大咧咧，很容易吃亏上当。但是凡事过犹不及，过分的猜疑就会让女人出现病态心理。多疑不仅会让人心胸狭窄，自我封闭，不容易接受他人意见，时间长了，还容易引起身体上的疾病。

婷婷在与丈夫范青结婚之前，两人曾在同一家公司上班，关系一直不错。后来她辞职去了另外一家公司，双方还经常联系，彼此都有了好感。最后二人走到了一起，顺理成章地结了婚。在婚后，范青依然十分关心婷婷，甚至比恋爱的时候更加爱护她。

他们都不是北京当地人，丈夫范青每月收入有一万多，婷婷的五千左右，在北京这个寸土寸金的城市，婷婷想要一个安稳的家，而不是租来的。于是范青咬了咬牙，东拼西凑，再加上几年的存款，刚好够首付。

有了房子，还要过日子，接下来他们更加努力地工作，以求尽快摆脱房奴的命运。

范青每天都早出晚归，婷婷看到丈夫这么辛苦，生怕他累坏了身体。每天一下班，婷婷就全身心地投入到家务之中，准备做丈夫最坚固的后盾，免除他的后顾之忧。开始的时候，夫妻二人还拧成一股绳去拼命，后来慢慢地，贷款终于还得差不多了，夫妻二人的身心也渐渐疲惫了。后来，他们的交流越来越少，婷婷也明显感受到彼此之间关系日益疏离。

有时候，丈夫总是很晚才回家，每次回家都喝得醉醺醺的。婷婷开始的时候，还每天等着丈夫回来。后来，有一次，她看了一部名叫《北京爱情故事》的电影，里面有一个情节，就是丈夫搞外遇的时候，总是伪装成喝醉的样子。看完这部电影，婷婷开始留意丈夫的行为，越观察丈夫越觉得不对劲。

后来，在给丈夫洗衣服的时候，她发现了一个女性化妆品的消费小票，可是丈夫并没有给自己买过化妆品，这让婷婷的疑心越来越重。

有一次，丈夫晚归之后，将衣服脱到沙发上就去洗澡了，婷婷就打开了丈夫的公文包，拿起他的手机，开始翻看起来。

她越看越投入，直到丈夫走到跟前，她才发觉，也许是“做贼心虚”，慌乱中将丈夫的手机掉在了地上。丈夫瞬间也明白了眼前的一切，他有些生气地说：“你是不是不相信我。”

婷婷说：“我怎么会不信任你呢？我就只是看一下你手机又怎么了？”

丈夫对婷婷的不信任感到很生气，说道：“你是不是觉得我外面有女人了？”

婷婷回道：“对啊，你就是外面有女人了，上次我就在你的衣服里发现了你给那女人买的化妆品消费小票。”

丈夫对婷婷的怀疑很生气：“那是我们老板让我们给客户买的礼物，如果你连这个都要怀疑，那我也无法辩驳。我看我还是去找个女人吧，不然多对不起你的一番猜忌啊！”

说完，丈夫就拎着一条毛毯，到客厅去睡了。

婷婷觉得丈夫不做亏心事不怕鬼敲门，这么回答肯定有问题；而丈夫范青则认为妻子居然对自己基本的信任都没有。后来，夫妻二人的关系越闹越僵，最终走向了尽头。

女人切忌去猜疑男人的内心，怀疑往往并不能带来好的结果，相反会让男人越来越背离既定的轨道。猜疑会让男人产生厌恶甚至逆反的心理。试想，整天跟自己相处的是个敏感多疑的人，不信任自己，自己拼了命工作反而得到的是她的猜疑，那么男人又如何死心塌地地爱着她呢？

在恋爱过程中，女人往往更渴望得到安全感，而当男性无法做到她期望中的那么完美的时候，女人往往就会用猜疑或者生气来表达自己的不满。

很多女人之所以会猜忌，只不过是想要通过这一过程去试探对方是否真的在乎自己。然而一次次的试探，开始的时候，可能对方还有耐心应对，但是慢慢地就会感到一种不被信任感，因此难免会出现争吵、冷战、误解……如此下去，感情自然也就越来越淡。

感情是建立在相互信任的基础之上，生气看似是在表达你对对方的不满，可背后隐藏着你的不信任感以及对感情的不确定，一旦次数过多，感情必然会亮起红灯，到时候就后悔莫及了。

面对感情不可意气用事，千万不要因为一点点小事，就开始猜忌对方，就用耍脾气、搞冷战的方式来测试你们之间的感情牢固程度。

心理测试

你对另一半苛刻吗？

在恋爱或者婚姻中，你是否会苛刻地对待对方呢？不妨测试一下。

早晨你特意为对方做了早餐，但是他却想要睡觉，接下来，你会采取什么行动？

A.不管对方，自己先吃，把对方的饭放在桌上。

B.谁知道他什么时候起，干脆把他的那份也吃掉。

C.短时间内，再也不会给对方做早餐了。

D.很生气，认为对方辜负了自己的一番心意。

答案分析：

选A：你通常会依据双方当时的心情来决定用什么方式来管他。这种类型的女人往往能够公平地对待感情，她会随着两人感情的进度以及对方对她的态度来决定彼此的相处模式。

选B：你会抱着随缘与尊重的态度来对待另一半。这种类型的女人由于有着丰富的经验积累，所以对待爱情态度更加成熟，认为感情需要靠双方的经营与努力来维持。

选C：小事不想管，大事会管到底的类型。这种类型的女人起初会为了爱对方而压抑自己的个性，但是时间一久，当对方无法让她感到满意的时候，她就会受不了，开始全权掌握一切事情。

选D：你有着强烈的母爱，会将对方当成小孩子一样照顾，因此不管是大事小事都会去管。这种类型的女人往往有着很强的控制欲，想要全方面去掌控对方，凡事都想要帮对方解决了，这会让对方觉得喘不过气来，想要逃开。

第九章

跳出工作的偏执藩篱，挥动羽翼翱翔天际

工作中难免会有些磕磕绊绊，一旦女人无法控制好自己的情绪，就容易把工作搞砸，让自己陷入到一种负面状态中。

学会在适当的时候，卸下工作的重担

每天所做的工作对你来说没有丝毫快乐，没有一点满足感。对工作喋喋不休的不满，牢骚满腹的抱怨，这会使得我们把所有事情做得一团糟。这是失败的先兆，更不会使我们得到快乐。

随着生活节奏的不断加快，很多职场女性经常会处于超负荷的慌乱状态之中。忙碌了一整天，回到家里，却总是放不下心中的工作。工作原本只是生活的一部分，但是有些女人却把它当成了生活的全部。

李妍熙是一家著名广告公司的策划专员，她每天都过着一成不变的白领生活。只要是在工作日时间内，她都会重复一个生活节奏：每天清晨七点，会被闹钟叫醒，然后开始收拾。收拾妥当之后，就去上班了。

从早上八点半到下午五点半，这是她的上班时间。因为是大公司，她的竞争压力很大，每天做事都小心翼翼，生怕出了什么差错。当发现有员工因为做事不利被裁员的时候，她也会为自己没被裁员而庆幸。

有时候为了能够保住自己的工作，她不得不没日没夜地加班。这样的生活持续了五年，她觉得越来越累，一想到工作就头疼。她的生活也变得越来越单调，没有什么爱好，也没什么朋友，没有乐趣，她觉得自己快要崩溃了。

对于她而言，工作慢慢地变成了一种机械化的活动。每次上司给她安排什么工作，她就马上着手去做，从来没有想过自己的人生目标是什么，自己到底要做什么。

每天到了入睡的时候，她都不停地问自己：这样的生活，到什么时候才能结束呢？

这种机械的生活状态是很多职业女性的生活写照。很多人都跟李妍熙一样，每天都在不停地忙碌之中，在一件又一件琐事中被折磨得焦头烂额，根本无法体会生活的任何乐趣。

时常会有女性抱怨说："每天都像是被上了发条一样绷得紧紧的，生怕一停下来就会被社会所淘汰。"要知道生活的真谛在于追求幸福与快乐，麻木与紧张并非是我们应该有的生活状态。如果长期生活在这样的生活状态之中，往往将会无法感知生活的多彩。

张敏是一个速记员，在很多人看来，这种整天填写表格，整理统计资料的工作相当枯燥无味。张敏开始的时候也这么认为，不过她很快就调整好了自己的心态，重新找回了对工作的兴趣——与自己比赛。她每天会先计算自己早上填写了多少表格，下午再努力超过这一数目，第二天再想办法做得更好。

最后，她在跟自己比赛的过程中，工作越做越好，经常受到老板的夸奖。不过这不是让她最开心的，最开心的是她发现了工作中的乐趣，再也不会因为厌烦工作而心情低落、情绪暴躁了。

面对超负荷的工作，女人要能够摆正自己的心态，要明白，工作的最大意义不仅是获得物质生活的报酬，更重要的是能够让自己的价值体现出来。女人要学会从工作中寻找满足感与成就感，将工作作为一种实现自我价值的方式，而并非是一种应付。如此就不会让自己总是觉得空虚与困惑了。

除此之外，女人若是在工作中感到力不从心，就应当考虑考虑自己是不是目标定得太高，要重新对自己的能力进行一次评估。在工作过程中不断地提升对自我的认识、评价。对自己有了正确的认识，去做自己能够做到的事情，对自己有个合理的规划。如果目标定得太高，女人就要学会进行正确地调整，不要一直拼命去追求过高的目标。女人应当明白，身体是人们做一切事情的基础，健康是最为重要的。

如果是复杂的工作关系让你觉得难以应对的话，那么就应当及时去调整自己的人际关系，让自己处于一种良好的状态之中，让自己的心态可以平衡。在复杂紧张的工作中，养成开朗、乐观的性格，在跟人交往的过程中要学会宽容、接纳。及时控制自己的情绪，用积极的心态去面对工作与挑战，保持着一颗平常心去看待周围的人和事。

如果是由于工作太过忙碌或者太过烦琐而感到压力大，当不能逃避的时候，不妨先让自己静下来。你要知道，很多事情在最开始做的时候，都会心慌意乱，会觉得自己一旦疏忽大意，就会出现问题。这时候，我们要学着去除心中的胡思乱想，让自己的内心保持平静，让自己整个人先放松下来。很快你就会觉得其实生活还是十分美好的，然后再去工作，这样就不会那么手忙脚乱了。从容地去处理各种事情，减少内心的紧迫感，把这种状态坚持下去，工作状态就会有很大的改变。你也能够从紧张的情绪中解脱出来，让自己的思路清晰，提高和改善自己的生活质量。

转换心态，工作也是一种享受

态度决定选择，态度决定思路，态度决定一切。

一些职场女人总是习惯性地将“工作压力大”当成口头禅。这些女性往往会表示自己过得很无助，不知道怎样才好。可是女人们也应当明白，在工作中，谁都会承受一定的压力。有压力是件好事。没有压力的人虽然生活轻松，但是却往往没有目标性，不知道自己要做什么，能做什么。

女人们要明白，压力正是激发出自己内在潜能的动力，是让自己变得更加优秀的一个元素，不用因为压力而让自己生气，当你正确看待压力的时候，那些痛苦与焦虑也就不复存在了。

有一种巨蜂生活在非洲中部环境最为恶劣的大草原上，它们有着短翅膀、短脖子，体态肥胖且臃肿。生物学家在发现这种巨蜂的时候，就断定这种体型肥胖且臃肿，翅膀短小的蜂的飞行能力必然是最差的，甚至觉得它们连鸡、鸭都不如；根据流体力学的相关知识来分析的话，它们的身体与翅膀的比例根本无法进行飞行，就算是将它们抛到天上去，估计也会因为它们的翅膀无法承载肥胖的身体而马上掉下来。不过，这种蜂用事实打破了这种断言。它们不仅能够在非洲大草原上连续飞约250公里，而且飞行高度也是普通蜂类无法企及的。另外这种蜂还十分聪明，它们会藏在草丛或者岩石的缝隙之中，等到看到食物之后才会马上振翅飞翔。一旦它们发现自己生活的区域将会变得极度干旱时，往往会成群结队地撤离，向水草茂盛的地方飞去。

人们认为，这种非洲蜂之所以能够飞翔是因为它们本身天资低劣，再加上环境恶劣，如果无法飞行，它们面临的只有一种可能就是死亡。因此它们学会了飞行。

正是因为恶劣的环境造就了非洲蜂强大的飞行能力，女人也应当相信，在一个执着顽强的生命力面前，任何压力都是为了激发无限的可能。如果你想要让自己变得优秀，就应当去适应压力，慢慢去逼迫自己走向成功。

李盼与杨阳是高中好友，她们都曾是班上的“才女”，都希望自己未来能够在文坛上打下一片属于自己的天地。

大学的时候，她们虽然不在同一所学校，却都选择了汉语言文学专业。大学毕业之后，李盼觉得文学之路挺不好走，于是就进了一家事业单位，做着收入稳定的工作，仕途可谓是一帆风顺。而杨阳则不那么顺利，刚上班没多久就下岗了，然后四处找工作，吃尽了苦头，挣的钱也只能勉强维持生活，压力极大。因此她迫切地想要改变现状，将自己所有的希望都寄托在了文学上，渴望有一天可以凭借自己的笔杆子出人头地。为此，她每天都在不停地写，越写越好，发表和出版的作品也越来越多，最终成为了一名小有名气的作家，实现了自己当初的梦想。而李盼从工作之后，就再也没有写过文章，当初的梦想每次想起来，她都会觉得自己以前太天真了。

后来，有一次高中同学聚会，在谈到杨阳的成功时，杨阳感慨地说："其实，我所有的成功不过是被压力逼出来的。"

不得不说，破茧成蝶的过程是辛苦的，但是只要能够顶住这份辛苦，那么之后的结果便会如你期待的那般。

女人不妨回想一下，是不是觉得越是困难的时刻，积累和学习到的东西就越多，越是对你严厉的人，对你的成长越是有益。一帆风顺的日子固然舒服，但是过了一段时间之后，你就会发现自己曾经度过的那段舒服的岁月是最为平庸的日子，而自己曾经认为苦不堪言的时候往往是最耐人寻味的。正所谓

“宝剑锋从磨砺出，梅花香自苦寒来”，没有了压力，又如何能够体会到之后的快乐呢？

越是难以攻克的项目，就越是能够造就人才；越是要求严格的项目，就越是一个大好的学习机会。我们不去苛求艰难，但我们必须面对现实，潜能就是在跳一跳才能够得着的目标激励下激发出来的。

如果你现在处于压力之下，万不可一味地抱怨，而是应该怀着一颗感恩的心，去迎接挑战，不断地超越自己，创造一段属于自己的辉煌。

很多时候，工作中存有压力并非是一件坏事，它能够激发起我们的斗志，促进我们不断成长。压力产生动力，在压力下，你才能蜕变成蝶。

* * * * * * * * * * * * * * * * *

面对诽谤，要头脑清醒

如果你足够优秀，你会在流言蜚语中越挫越勇。

有人的地方就有是非，尤其是在职场之中，人多嘴杂，成了流言蜚语传播的温床。导致人们散布谣言的原因有很多，有的是出于嫉妒，有些是由于想要发泄私仇，有的则是想要排挤他人……

曾经有人对美国2429名员工进行了一项网络调查，结果发现60%的人认为职场中的流言蜚语最让人难以忍受。相信对于这一点，全世界的上班族都有所共鸣。然而有些流言蜚语你是无法制止的，到了这个时候，与其跟对方争论不休，倒不如选择不被流言蜚语所影响，继续自己的生活。

梦佳最近遇见了一件让她十分烦心的事情。自己手底下的一名员工，在公司任职一年以来，不仅没有做出什么成绩出来，工作态度也极其不认真，经常会迟到早退，前不久还因为他的疏忽让梦佳丢掉了一位大客户。于是忍无可忍的梦佳就将他给解雇了。原以为终于不用再为这名下属操心了，没想到第二天，那名被她解雇的员工就跑到了梦佳上司那里，说自己之所以被解雇是由于梦佳曾经对他有过性暗示，被他拒绝了，所以梦佳一气之下才会将他开出。

梦佳听到这个消息之后，又委屈又愤怒，马上就给那名员工打去了电话，将他大骂了一通。后来，老总打算找她谈话，打算平息一下她的情绪，没想到她的情绪更加失控。

虽然这只是那位员工为了泄私愤而撒的谎，但是梦佳的愤怒让原本不知道情况的其他人也开始不自觉地关注这件事情，很快流言就传播开来，还有一些不明真相的同事添油加醋地说平日里梦佳穿得那么性感，看起来就很风骚，肯定不是空穴来风。

公司上下的流言让梦佳愤怒不已，为此，一旦她发现有人在背后嚼舌根就会马上冲上去理论，这种吵闹的方式，在公司造成了更加负面的影响，也让同事对她开始敬而远之，就连老总找她谈话，都要防止她的情绪失控。

最后，梦佳也感受到了大家对她的疏离，因此在愤怒与委屈中选择了辞职，避开那些让她情绪崩溃的流言。

像案例中这种性质恶劣的流言虽然不多，但是却足以证明流言的严重性。一个小小的谣言，往往会将你打入万劫不复之地，可以轻而易举地毁掉你一切的努力。

当你陷入到流言之中的时候，不要惊慌，因为你要明白，很多不明真相的人往往是根据你的反应来判断流言的真假的。因此在面对恶毒的诽谤的时候，万不可试图用怒火来压制流言，因为怒火有时只会让情况变得更加糟糕。

刚刚大学毕业的陈璐，顺利进入到了北京一家贸易公司，成了一名文员。没有任何工作和社会经验的她，很渴望能够跟同事相处得像家人一般。可是后来，陈璐发现同事们都有一个坏习惯，就是喜欢在背后聊些八卦。

陈璐觉得这样做很不好，但是又不好当面去制止他们。通常情况下，就是同事们在七嘴八舌地说，而她就安静地坐在一边听，不发表任何意见。不久前，同事们在私底下说老总其实是个吃软饭的家伙，是靠老婆家中的财力才有了今天的成绩。同事们聊得火热，而陈璐却兴致缺缺，甚至觉得这些同事的话语都很恶心。就在同事们聊得火热的时候，老总出现了，虽然没说话，但是从他的脸色可以看出他很生气。从此，老总再碰到当时在场的几个人的时候，都没有好脸色。

这样的情况，让陈璐心中也十分焦急。不过，她并没有马上跑到老总那里解释，而是开始注意跟那些喜欢说闲话的同事拉开距离。比如到了午休的时候，陈璐再无聊，宁愿趴在办公桌上睡觉，也不会出去跟那些同时说长道短了。

渐渐地，老总也意识到陈璐的不一样，开始信任她，不再冷眼看她。而那些同事在经历了上次的事件之后，依然不知悔改，一再无中生有，最终超过了老总的心理承受极限，被解雇了。

“清者自清，浊者自浊”，在被人诬陷或者误会的时候，愤怒地为自己辩解，往往只会越描越黑，同时还会给人留下沉不住气的印象。让自己在流言蜚语中保持冷静最重要的就是坚定自己的价值观，将别人的思想和行为，与自己的价值观分离开来。既然觉得自己的观点是正确的，那么就不要因为流言蜚语而动摇，最聪明的做法就是屏蔽那些流言蜚语。

我们要相信流言蜚语就像是影子一样，只要我们将太阳挂在自己头上，就会萎缩在我们脚下。在遇到流言诽谤的时候，优雅淡定的女人不妨以以下的态度来处理：

1.乐观面对，一笑置之。

卡耐基曾经说过：“没人会去提一只死狗。”这句话也就是告诉我们，那些恶意中伤我们的人，正是由于嫉妒我们。流言蜚语对一个人的伤害程度，往往取决于这个人的心理素质与承受能力。因此只要我们乐观面对，那些流言蜚语就不会起到什么伤害作用。

2.保持镇定，淡然处之。

我们要明白，在流言蜚语面前大吵大闹，暴跳如雷，是起不到丝毫作用的，反而会破坏我们在他人心中的形象。流言绝非是空穴来风，因此我们要让自己静下来，考虑一下流言的源头，寻求解决之道。

3.让流言成为对自己的警示，完善自己。

在流言面前，我们要保持“有则改之无则加勉”的态度。当有人议论你的时候，可能恰恰说明了你在某一方面的不足，是对自己的一个警示，这时候正好让我们发现自己的问题，从而完善自己。

4.寻找支持系统。

在流言面前，单枪匹马地应对虽然可以显现出自己为人坦荡的一面，但是毕竟会让自己陷入到孤立无援的境地。这时候，我们不妨主动出击，寻找支持者，让自己获得大多数人的支持，战胜流言。

* * * * * * * * * * * * * * * * *

三思而后行，有火也要停半刻

容易冲动发火的人容易被动。

在工作中，女孩有时会因为一些小事，让自己的无名之火噌噌往上蹿，觉得心慌意乱，导致事事都出错，有时甚至会意志消沉、萎靡不振……心理学家将这些统称为“怒火的连环反应”。

很多女人一旦觉得对方在侮辱、冤枉、贬低自己的时候，就会不顾一切地进行反驳，甚至对对方发火，觉得自己才是正义的一方。在发完火的时候，确实也获得了短暂的愉悦，但是当她们冷静下来，认认真真思考一番之后，就会发现，其实自己发错了火，甚至错怪了好人，因此懊恼不已，只能责怪自己当时太过冲动，做事不懂得思考。孔子说过："三思而后行。"但是很多女孩在做事的时候却忘记了这句话，在没有了解清楚状况的时候，就把怒火撒在了别人身上，如此不仅伤害了对方，更可能给自己造成无法弥补的损失。

赵倾城的第一个老板，是个初中毕业的暴发户，没什么文化，就是怕老婆。倾城当时做的是老板的秘书。有一次，老板娘找到她，跟她说："女孩子要懂得自重。"

还没等老板娘说完，倾城马上就发起了火，站起身，不假思索地吼道："你有没有毛病啊？我从来没跟你丈夫搞过任何暧昧，你有病得治啊！再说，我从来都不会跟自己矮的男人交往，你看看你老公……"

两天之后，赵倾城就毫无悬念地辞职了。在办离职手续的时候，她才从人事部的同事那里听说，那天老板娘只是想要提醒她不要在办公室里穿拖鞋和吊带衫。

后来，赵倾城又找了一份工作，这次的老板是个中年妇女，经常会挑她的错。老板的挑错行为，让她很不舒服，于是她在自己的QQ签名档上写着"在更年期的妇女统治下苦不堪言"。因为她所使用的是公司的公用QQ，因此造成了十分恶劣的影响。没过多久，老板就笑眯眯地打发她走人。临走之前，老板把她叫到了办公室里，对她说："那时候，我爱给你挑错，那是因为我觉得你是一块好玉，需要精雕细琢。没想到，你连半分理解都没有，因此我只能放弃了。”她辞职之后没多久，就听说一同跟她入职的姐妹已经成为公司的部门经理了。

自此，赵倾城明白，其实在工作中不应该冲动行事，有的火不该发就不能发。因此她开始学乖了，不跟老板进行正面冲突。她找到了一个合理发泄自己情绪的方法。一旦在工作中遇到了不开心的事情，她就会把它写在纸上，条理清晰地列出来。然后站在老板的角度去思考，设身处地替他人着想。如此找出最佳的解决方案。如果一时找不到最佳的解决方法，她就先把这些纸条放在一边，然后看看事情是否真的像自己所说的那么严重。如果觉得自己的方法是正确的，就找个恰当的时机去跟老板商讨。这时候老板应当也调整好心情了，提议很容易被采纳。

自从赵倾城这样做之后，她的心态越来越平和，不再那么容易冲动行事了。没过两年，她就被提拔为了部门经理。

有时候，我们觉得别人在针对自己、嘲笑自己、故意刁难自己，实际上那些不过是我们站在自己的角度看待问题而引起的。我们关注的往往只有我们自己，而领导却需要从全局出发，关注的是整个公司的情况。当你站在领导的角度去思考问题的时候，就会发现其实很多火是可以避免的。

遇到问题的时候，先让自己冷静下来，站在对方的角度去想一想，心胸就能开阔起来。

有些女性在工作时会十分敏感，十分在意别人对自己的态度，因此总是患得患失。其实，面对他人的不友好，我们应当做的就是调整自己的情绪，把一些猜忌先放到一边。

女人们要明白，自己做事要懂得分寸，说话要有尺度，交往要讲分寸，办事讲究策略，行为要有节制。这样别人才会愿意去接纳你、帮助你、尊重你、愿意去满足你的要求。因此想要获得社会认可、领导赏识，就必须要学会遏制自己的冲动。不然不仅容易把事情搞得一团糟，还可能对所有人都不利。

* * * * * * * * * * * * * * * * *

你想要的岁月会如数给你

千万别小瞧自己，只要你努力，你所有的汗水都会以另外的方式还给你。

纪伯伦曾语重心长地说："从工作里爱了生命，就是贯彻生命里最深的秘密。"人们总是习惯性地将工作看得太过沉重，是一种不得以而为之的事情，其实，只要你怀着一颗热爱工作的心，那么就算是再枯燥的工作，你也能从中发现乐趣。

高敏从大学毕业之后，就来到了一家广告公司上班。刚步入职场的时候，她的脸上还散发着一种稚气，经常穿着一条牛仔裤，一件纯白的衬衫，脸上未施粉黛，看上去还是十足的学生样。

上司对高敏这样的打扮十分不满，认为她连起码的着装都没学会，从而对她的工作能力有些质疑。因为对高敏的能力有所质疑，上司并没有分配给她多少事情做。但是高敏却丝毫都不介意，虽然自己空闲的时间有很多，但是她却从来不让自己闲下来。没事的时候，就帮助同事把办公室打扫干净，还会帮其他同事做一些零碎的工作。有几次，她实在找不到工作可做，就小心翼翼地问上司有什么需要她来办的。其实，上司手上的工作有不少，但是就是不放心交给高敏。再加上上司最近遇到了不少麻烦事，心情差，就不耐烦地对高敏说："急什么，总有你做的事情。还有那些打扫卫生的工作，你不要去做，公司明明有勤杂工。公司聘用你不是为了让你做那些的。"

高敏也知道上司可能有些看不惯自己，因此也没多说什么。几天之后，高敏在上司的办公桌上放了一张自己精心策划的广告创意，可是，上司拿起来看都没看，就直接丢进了垃圾桶里。高敏看在眼里，觉得十分不满，但是又不能多说什么。

第二天一上班，高敏再次把昨天的广告创意打印了一遍，放在了上司的办公桌上。这一次，上司依然没看就丢进了垃圾桶里。

之后的几天，高敏每天都会把自己的广告创意打印一遍，放在上司的办公桌上。终于有一天，上司把高敏叫到了自己面前，跟她说："或许，你现在还没发现，你并不适合做广告这一行。你的创意缺乏新意，干这一行，一旦缺少了创意就是致命的缺点。"高敏觉得自己很委屈，但是最后还是对上司说："谢谢您一直以来的指导，我明白了。但是我还是想跟您说一下，我的广告创意都是我努力思考的结果，而且我坚信，我会把我的广告做得一次比一次好。这些都是我汗水的结晶，希望您能像我一样珍视它们，而不是看都不看地扔进垃圾桶了。”说完，高敏从背后拿出了那些曾经被上司丢进垃圾桶的广告创意。

之后，高敏再也没有将自己设计的广告创意放到上司的办公桌上，在公司也像个隐身人一样，沉默了许久。如果有人想起她，就会发现她在自己的办公桌前专心地学习，除了干好分内的工作之外，大部分时间她都在学习。

一次，老总派高敏的上司去谈一笔广告业务，原本已经快要签约了，没想到在签约前一天，对方突然打电话过来说打算跟另外一家广告创意公司合作，因为觉得对方的创意更适合自己。上司收到消息之后，十分气恼，但又觉得无可奈何。高敏其实也一直清楚这个广告业务，因此私底下也设计过一些广告。于是她自动请缨说想要用自己的创意去打动对方。

上司其实已经对这次合作不抱有希望了，因此当高敏提出请求之后，上司就抱着“死马当成活马医”的想法，让高敏去试一试。

第二天一早，高敏就跑到了对方公司。这天下午的时候，只见老总满脸喜色地走进了办公室，高敏也高兴地跟在老总身后。老总大声说：“今天必须要当着大家的面表扬一下小高，今天小高为我们公司立下了一个大功。你们可能没想到，她居然用自己的作品成功说服了我们的客户，拿下了一笔大订单。今天下班谁也别走，我们给小高庆贺一下。”

见到此景的高敏上司，脸不知不觉红了起来。

之后，高敏总能在第一时间拿出好创意，很快吸引了老总的注意，让对她颇有成见的上司也不得不佩服她。

高敏就是一个不浮躁的典型例子。她在受到上司冷落的时候，没有忘记自己的职责，也没有因为上司的不公平对待而跟对方争吵，而是选择了潜心学习，提升自己的实力。最终也成功逆袭，让对方看到了自己的光芒。

任何工作都不可能像我们预料中那般完美，总会出现一些不如意的事情。如果你因为这些不如意的事情而着急上火，那么只会让情况变得越来越糟。既然你选择了这项工作，就说明，它值得你花时间和心血去对待。只要全身心地投入到工作之中，不管多少不如意，最终都会变成你成功的踏板，让你可以获取成功。

工作不用急躁，认真完成就好

急于求成是做事情最大的危险。

急躁是种负面情绪。在职场中，一些过于追求完美的女性，往往会表现出急躁的性格来。在她们眼中，接到任务之后，就想要马上把它做完，如此一来，就常常将自己置身于烦躁与痛苦之中，让女人失去了美丽。

在工作中，很多女人对自己的急躁性情却不以为然，认为急躁是做事雷厉风行的表现，直到让自己陷入到痛苦中之后，才发现急性子给自己带来的往往是一些负面的精神压力。

高畅是一家商场采购部门的管理人员，在公司工作已有五年，上级领导对她的评价是：做事雷厉风行，思维敏捷，工作能力强；而同事与下属对她的评价却是：脾气暴躁，做事手段太强悍，不近人情。为什么领导与同事对她的评价会有天壤之别呢？

这主要还是要归结于她的脾气。在公司内部，只要上级给她分配了工作，她就总想要提前完成任务，因为这样她就能得到领导的表扬；但是，为了能够提前完成工作任务，她就只能苛刻地要求下属，明明是需要一个星期才能完成的任务，她却总将工作任务完成时间压缩到四天。不仅将自己搞得焦躁不已，还会让那些执行任务的员工忙得手忙脚乱，承受着巨大的精神压力。同时，一旦在工作中哪个环节出现了问题，那么她不仅会大发雷霆，还会对相关工作人员表示处罚，让她的下属每次见到她都躲着她，不敢跟她过于亲近。

高畅当然也清楚员工们对她的态度，不过她其实自己也不想把大家搞得这么紧张，但是又忍受不了大家做事慢慢吞吞的样子。高畅是家中的长女，父母对她的要求都十分严格，每件事都要求她能够做好弟弟妹妹们的表率，因此什么事情她都尽善尽美，做事火急火燎的。

有时候在公司，她一旦看到那些工作慢、效率低的员工，她就忍不住发脾气。她也知道这样做不对，但是她就是控制不了自己的情绪。尤其是最近，她发现自己的精神压力越来越大，经常会头疼，焦虑、失眠，整个人常常会处于一种不安之中，动不动就发脾气。

后来，高畅的焦躁不安情况越来越严重，不得不去看心理医生来帮助自己解决问题。

高畅因为急躁的个性，不仅把自己带入到了痛苦之中，还给下属们带去了巨大的精神压力。

性格急躁的形成原因有多种，大部分都是后天在极其严格的生活要求下产生的。就像是案例中的高畅，因为父母从小对她要求过于严格，所以不知不觉就形成了急躁的性格。

在工作时，性格急躁的女性，往往会承受巨大的工作压力。她们总是着急动手去做，遇到烦琐的事情，恨不得来个快刀斩乱麻。一下子将问题解决，问题解决不了，就会产生挫败感，导致心神不宁。有时候，甚至无法去倾听别人的声音，甚至会对他人提出的建议或者意见而大发雷霆。

那么，女人们要如何克服自己在工作中表现得过于急躁呢？

1.通过各种活动来磨砺自己的意志。

如果你性格急躁，不妨借助一些可以磨砺性情的运动或者行动帮助自己，比如练练瑜伽、练习书法，或者多读一些书……这些活动大多都需要一些耐心才能完成，可以让你有效地摆脱急躁心理。

2.学会冥想。

在工作中遇事急躁的时候，不妨让自己先心平气和地坐下来，放松脑神经，不要去挂念那些事情，让自己置身于一种安静中。等到精神完全放松下来之后，再去思考那件事，这样可能会找到更好的解决办法，同时还避免自己的火暴脾气伤及他人。

总之，女人要学会在工作中控制自己，不能让自己过于急躁，以免伤害了自己，同时又伤害了他人。

与其抱怨黑暗，不如点亮蜡烛

将抱怨整理打包，去用自己的努力做火种，可以点亮一片黑暗。

很多时候，女人都会将“抱怨”当成一种发泄途经。可是有些时候，虽然花费了大量的时间与精力去抱怨事情在处理时遇到的困难、经济问题、负面的人性、环境的恶劣等，但是却丝毫解决不了问题，只会不断增加自己的压力，让你更难以去处理那些事情。有时候，盯着问题，就是在盯着诸多缺点，更容易让人们丧失解决问题的勇气。

不生气的女人往往会将“没什么大不了的”作为自己的口头禅。这是一种豁达与放弃痛苦的方式。只有面对了问题，才能将自己从抱怨中解脱出来，才能真正地去解决问题。如果你想要抱怨，或者谩骂，不如先问问自己“抱怨有用吗？”“谩骂有用吗？”“这样做之后，我真的会快乐吗？”如果你的答案是否定的，那么还是把抱怨收起来吧。因为，不抱怨就是一种爱自己的表现。

张兰在公司一直是人气王。她不仅能够出色地去完成工作，得到上司的赏识；还能友好地对待同事，深受同事欢迎。

一次，其他部门的同事询问张兰是如何把工作做好的。张兰笑着说："你跟同事抱怨过吗？"那位同事想了想回答说："抱怨过，谁没抱怨过啊。跟这个有关系吗？"张兰认真地点了点头。看着同事一脸不解，她笑着说："如果你在工作中经常抱怨，就会给人没有能力的印象，另外当你跟对方抱怨的时候，你的心情也会变得十分糟糕，会觉得工作没有什么意思，如此工作自然难以做好了。"

同事在听完张兰的回答之后，觉得有几分道理，不过还是忍不住地问道："不去抱怨，真的那么管用吗？"

"当然了，你见过领导抱怨吗？"张兰接着说："亲爱的，你回去可以慢慢尝试一下。如果你不去跟同事抱怨，看看他们是不是会喜欢跟你相处。"

那位同事半信半疑地离开了。半个月之后，她再次找到了张兰，她告诉张兰，自己在工作上虽然没有什么显著的突破，但是明显感觉同事比以前更愿意跟自己相处了。

工作中，难免会遇到困难与阻力，女性应当学会用平常心来对待，可是有些女性却在面对困难与阻力的时候，总是面带愁容，让别人觉得她的世界末日将要来了。而实际上，不管是多难的困难都有解决的一天，女人大可不必因此总是愁容满面。面对繁杂的工作，女人要让自己保持一个好的心态，这样才能展现自己的职场魅力。

没有一个工作是没有难度的。女人在工作中，不停地抱怨只会让自己失去对工作的热情，让自己在工作的时候变得无精打采。时间一长，对女人的职业发展是十分不利的。

雅丽在一家文化传媒公司做策划，常常要加班到很晚，繁重的工作让她忙得焦头烂额。有一次，正值酷暑，公司的空调又坏了，再加上任务急，让雅丽的心情糟糕到了极点，她觉得自己实在忍受不了了，就开始跟同事抱怨："薪水给的不多，每天加班还不够，空调还坏了。这是要逼死人啊！老板也真是小气，明明看我这儿都要忙不过来了，也不找个人帮帮我。"在发泄一通之后，她的干劲不仅没有提升，反而更加懈怠了。

后来，她的抱怨阀门算是打开了，只要有点小事就不停地抱怨。为此，同事们都不愿意跟她相处，而她的工作也做得越来越马虎。

那段时间，雅丽工作常常出现失误，有一次甚至搞错了合作对象，让公司损失了不少钱。之后，她就主动请辞了。

在职场中，女人如果调解不好自己的心态，那么在遇到一些小困难的时候，就容易在抱怨中将自己逼进一个死胡同。因此，作为职业女性，要学会在恰当的时候让自己放松心情，至少让自己看起来很有活力与气质。

在女性觉得自己身处黑暗的时候，与其去咒骂黑暗，不如去点亮一根蜡烛。这根蜡烛可能一直藏在我们每个人的心里，只是有时候我们会故意视而不见。工作中有很多事情，就像是黑夜必将会来临一样，是我们所无法控制的，但是我们能够成为自己心情的主宰者，让其不受客观因素所影响。记住，与其去抱怨黑暗，不如去点亮一根蜡烛。

……

心理测试

你在工作时会败给流言吗？

1.你喜欢一个人去看一场电影吗？

A.是的——2

B.不是——3

2.喜欢跟别人不一样吗？

A.是的——3

B.不是——4

3.你会听从父母的意思吗，即便在你心里极不情愿的时候？

A.是的——5

B.不是——4

4.喜欢跟小孩子待在一起，不会觉得他们烦吗？

A.是的——5

B.不是——6

5.有时脾气很好，有时却会突然变得很暴躁？

A.是的——7

B.不是——8

6.不小心说错了话，会在心里纠结很久吗？

A.是的——8

B.不是——7

7.在一些平时不需要电话的时候，会将电话保持关机状态？

A.是的——8

B.不是——9

8.对那些平日里占小便宜的人十分不屑？

A.是的——9

B.不是——10

9.担心自己在重复跟别人一样的生活？

A.是的——A

B.不是——B

10.一些小事常常会扰乱你的情绪，但是面对大事的时候却能够泰然处之？

A.是的——C

B.不是——D

答案解析：

A.流言蜚语很容易对你造成伤害。你是一个极为在意他人想法的人，在你看来，自己的感觉并不重要，最重要的是大家如何看待自己，因此，你总是为了迎合别人、取悦别人而忽略了自身的想法，有时候就算是一些你并不喜欢的人，你也会用特别好的态度对待他们，让他们无法察觉。因此你有着很好的人缘，但是却常常委屈自己去做一些自己不愿意做的事情，如此一来流言对你造成的伤害是最大的。建议放松一些，不要去在意他人的想法，有时候你的想法远远要比其他人的想法要高明得多，对于那些流言蜚语，你也不用忧心，走自己的路让他人去说吧！

B.流言蜚语很难对你造成伤害。流言蜚语对你的伤害可能只是你刚刚听说的那一会儿，你会很快从这种情绪中跳出来，泰然地去面对周遭的一切，而且会以一种自信的态度出现在同事与上司面前，不去计较他人的指指点点，你会按照自己的想法做最快乐的自己，因此你乐观的心态并不能让流言成为困扰自己的因素。建议，虽然你不在乎流言蜚语，但是有时候，你会因为过于沉浸在自己的世界而忽略了他人的感受。

C.流言蜚语不怎么会对你造成伤害。你是一个十分单纯善良没有心机的人，会担心别人会不会在你背后说你坏话，因此很容易被那些心术不正的人利用，他们可能会故意在你面前说一些关于你的谣言，让你心神不宁，但是当你拆穿这些谎言的时候，会平淡地面对一切，也不会去报复那些人。建议，你的大度会让很多坏人受到内心的谴责，但是有时候为了保护自己不要受到伤害，还是不要太过轻信他人，有时候做事要学会留个心眼保护自己。

D.流言蜚语可能会对你造成伤害。在很多时候，你喜欢了佯装，其实你是一个很容易受到伤害的人。虽然表面看起来你满不在乎，但是你内心会介意得要死，只是不愿意表现出来罢了。有时在受到流言蜚语伤害的时候，你会记在心里，瞄准一个时机去回击那个伤害你的人。因为你装得有模有样，大家也会认为你是个宽宏大量的人，可是你心里怎么想只有你自己最清楚。建议，不要把一些恶言恶语与自己联系起来，有时候对方可能是无心之言，不要放在心上。

第十章

蜕去一身浮华，体味生命的真欢

内心不清净，心灵不够从容，往往都是由于欲望太多所导致的。从容走过名利场，才能少些烦恼，多些幸福。

给自己的欲望设底线，让自己多一点幸福

人一旦成了欲望的奴隶，就永远都挣脱不了。

人的欲望往往是无休无止的，如果女人不为自己的欲望设下底线，很可能会被欲望牵着走，陷入到欲望的沼泽之中。

女人如果想要让自己可以在不管什么情况下都尽量做出一个正确的选择，就必须要懂得给自己的欲望设一条合理的底线，让自己在做事的时候能够清楚地意识到能干什么，不能做什么，时刻告诫自己不能越界。底线的突破，往往是从最薄弱的地方和一些微不足道的小事开始的。有时候一念之差就可能给人生带来极为重大的消极影响，导致在悔恨中度过残生。如果设了底线，就相当于给自己设了一条警戒线，可以随时提醒自己，保持头脑清醒。

国庆长假，张悦要带女儿去看画展，没想到旁边的展厅正在举办拍卖会。作为管理一家企业的女强人，张悦觉得这是一个锻炼女儿的机会，于是她灵机一动，给女儿简单讲解了一下拍卖会的规则，就带着女儿去参加了。

女儿选了一个由一位音乐家收藏的乐谱架，因为她一直都很崇拜那位音乐家。张悦告诉女儿这种乐谱架，市面上正常的售价是100元人民币，但是由于是收藏品，有着感情与历史，你可以为它增加一些附加值。随即她询问女儿，愿意为它支付多少钱？女儿想了想，说愿意再多支付200元。商人说那好，100元加上愿意多支付的200元，这就是你的最高出价，也是你出价的底线，超过这个售价，你就要学会放弃它。

随着拍卖师槌响，竞拍开始了。女儿开始举牌。张悦就坐在女儿的身旁，看着女儿紧张的样子，生怕有人来跟自己竞价。张悦环顾了一下四周，还真有不少的竞拍者，而这些竞拍者并没有因为女儿是个孩子而将东西让给她。已经加价到250元了，女儿显然有些负气，忍不住嘟囔了一声：糟了，快到了！声音虽然不大，但是由于会场十分安静，所以大家都能听得到。

张悦一听，就知道坏了。这是在拍卖中最忌讳的，将自己的底牌给亮出来了。张悦忍不住用手肘碰了一下女儿作为提醒，女儿这才意识到自己说错了话，但是已经无法收回了。乐谱架的拍价不断上升，很快就冲破了300元的底线。女儿还想举牌，但是被张悦制止了。

走出拍卖厅，张悦看出女儿的情绪十分低落，于是就跟她讲："虽然你并没有得到那个乐谱架，但是你要明白，今天学到的东西比得到那个乐谱架更有价值。人的欲望是无止境的，今天你学到了如何给自己的欲望设限。这是十分难能可贵的。很多人之所以会失败，就是由于没能控制好自己的欲望，变成了欲望的奴隶。另外，你也应当知晓，有些时候，输并不要紧，关键要明白自己输在了哪里。今天你在两个地方出错了，一是让对手看出了你经验不足；二是情绪一激动，就把心里的话脱口而出，将底牌亮给人家，这是一种大忌，尤其是当你步入社会之后。在很多时候，竞争者水平都差不多，谁能笑到最后，主要看心态。拍卖会是一个浓缩的社会，参与者都是你的竞争对手，你要想办法战胜他们。”

经妈妈这么一说，女儿瞬间明白过来，她冲妈妈笑了笑，不过脸上还残留着失落的情绪。张悦问女儿：“如果这个乐谱架不是那位音乐家收藏的，你还会这么喜欢吗？”女儿摇了摇头，张悦接着说：“你过去不是总问我，什么叫产品附加值？这就是。其实人也是这样，你如今跟同学站在同一个起跑线上，但是十年之后你们的人生会完全不同。你未来的社会地位，生活质量，取决于你的附加值——知识储备、工作经验和创新能力。其实这副乐谱架妈妈完全可以买下来送给你，但是我更希望你能够凭借自己的能力去得到它。因为在这个过程中，你成长了。有收获，这是我今天送给你的最好礼物。”

人类最大的敌人就是自己，战胜自己的欲望，才能算是真正的胜利。虽然好的欲望是一种动力，可以让自己通过努力提升自己，但是欲望一旦失控，就容易酿成惨剧，让人们为此付出惨重的代价。欲望是一把双刃剑，没了欲望，人就可能变成行尸走肉，但是如果欲望不加控制，就可能让人走火入魔，引火烧身。就像那句经典的话所说的：“上帝让你灭亡，必先让你疯狂。”如果不懂得合理地把控欲望，一定会出现严重的问题。因此女人要懂得控制情绪，节制欲望，做到不为物欲所蔽，不为杂念所侵，不为邪恶所乱，不为外界物象所惑，乃成大家，成为最大的真正的胜利。

金钱是生活中的罂粟花

金钱是人类所有发明中最近似恶魔的一种发明。

菲尔丁说："如果你把金钱当成上帝，它便会像魔鬼一样折磨你。"人生在世，金钱成了任何人都离不开的东西。在这个充满诱惑的社会中，金钱成了满足人们心中欲望与奢求的有效工具，因此很多人都将追求金钱作为了生活的全部内容。他们为了金钱，将自己搞得身心俱疲，无法享受生活的美好。金钱于这些人而言，就像是一束罂粟花，有着足够吸引他们的美丽，也有着足够让他们沦陷甚至致命的毒性。

张明的妻子自己管理着一家公司，是一个远近闻名的女强人。她的脑子里只有一个想法，这种想法几乎占据了她的整个生活，那就是赚钱。她本身似乎从来没有去考虑过要怎么生活，在她看来，赚钱才是自己生活在这个世界上的目的。在张明看来，自己的家完全都不像是一个家。妻子一回到家中，就马上打开电脑，开始做计划，或者联系业务。

由于常年在为赚钱而忙碌不已，有时甚至累得腰都直不起来，但是就算是这样，她也不愿意去休息。因此她总是让自己处于一种长期疲劳的状态。

原本应该在下班之后就结束的工作状态，随时伴随着她，蔓延到她的生活中来。有时候张明半夜起床之后，看到妻子还坐在电脑前，噼里啪啦地敲打着键盘。就忍不住关心她，让她为了自己的健康着想多休息休息，觉得自己有能力给予妻子宽裕的生活，但是妻子从来都不会听取他的劝告。看到这样的妻子，张明有时也很生气，他总是提醒妻子，赚钱的目的就是为了花，花是为了生活，可是她现在却本末倒置，将金钱作为了最重要的目的，忘记了生活的意义。妻子在听了多次劝说之后，总算有所理解，不再那么拼命地去追求金钱了。

从表面来看，张明的妻子拥有很多金钱，看似是金钱的主人，但实际上却成了金钱的俘虏。在她的生活中，到处都被金钱所支配着，原有的生活乐趣被她抛到了脑后。

女性们应当明白，赚钱的目的除了可以实现自我的价值之外，还有为了能够更好地去享受生活。如果只知道拼命挣钱，却把其他都遗忘了，那么赚再多的钱又有什么用呢？

金钱说到底也只是生活的附属品，是我们可以用来创造美好生活的一个主要工具。因此，不管一个人拥有多少钱，都要去做金钱的主人，而不可沦落为金钱的俘虏。

在对待金钱方面，女人们要学会去把控一个度，因为金钱就像是一块肉，吃几块很香，但是吃多了就容易腻，还有害健康。

金钱多并不能与幸福画上等号，因此女人们在金钱方面不妨采取以下的态度：

1.量入为出。

消费要根据自己的收入状况来决定，要让钱一直处于自己的掌控之中，不去做超出自己收入范围的消费。如此就能够主宰自己的命运，而不是让金钱牵着走。

为事业而工作，并非是为了金钱而打工。

你要明白，自己工作的目的并非都是为了赚钱，还有实现自己的价值。因此不要为了钱去做那些违背良心和道义的事情。

2.绝对不要相信天上掉馅儿饼的事情。

一旦被金钱迷惑了双眼，就容易去贪小便宜。现在社会上的各种骗术层出不穷。女人们一定要记住，天下没有免费的午餐，也不可能从天上掉馅儿饼，上天给你的好处不过是骗子设下的陷阱。如果你想要不劳而获，就要为不劳而获付出代价。

3.穷则独善其身，达则兼济天下。

这是孟子所说的一句话。如果放在现代社会，可以理解为：不发达的时候，安安分分做人，让自己的道德素养得以提升；一旦发达了，就要多做善事，为社会多出一份力，多做好事，量力而为。

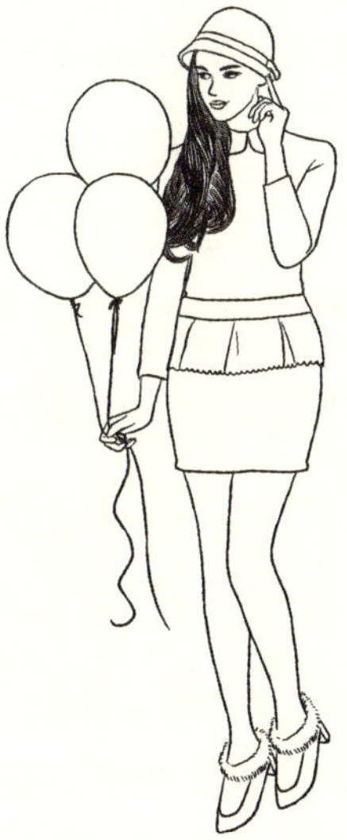

总而言之，一个优雅淡定的女人拥有正确的金钱观，不会中了金钱的“毒”，让自己整日在金钱中沉沦，忘记生活的意义。

适可而止地购物才能留住恰到好处的幸福

用购物来换取的快乐，永远是短暂而空虚的。

很多人都看过这样的场景：在商场里，三三两两的男士郁闷地坐在一边的座位上，静待天黑时带着满脸微笑的另一半心满意足又略显疲惫地杀出重围，然后将数量庞大的战利品搬运回家。有些女性对购物似乎有着一种天生的迷恋，常常陷入其中无法自拔。为什么大多数女人们都对购物有一种超乎寻常的热爱，商场、淘宝等所有可以淘到心爱宝贝的地方，成了她们心中的圣地？

心理学家认为，“购物狂”往往是希望可以通过购物来宣泄心中一直压抑的情绪，或者用这些物质来刺激填补内心的空虚。女人在购物的时候会体验到一种非常愉悦的心情，这种愉悦里有被服务人员的尊重、不被约束的放松，一种精神快感，类似其实我才是世界女王，放眼天下唯我独尊的自我致幻效应（请参照白雪公主里皇后与魔镜的故事）。精神快感往往比生理快感来得更持久和强烈。另外，女人们都有一个想法，穿上漂亮的衣服会让自己变得更好看、更有气质，别人也会更加尊重我，中意我，喜欢我。每个女人都有一个希望，希望自己永远青春靓丽，别人也能永远地关注我，在意我。那样的一个我永远是美好的，闪耀夺目的，有价值的，被肯定和赞美的。在社会地位上，不比任何人差，是可以站稳的，好好生活的。其实最简单的一个行为，却透露出女人们集体无意识的一个缩影。

可是，女性在购物过程中，原有的理智会被欲望所吞噬，因此常常会出现购物之后开始沮丧、后悔等情绪。

李女士原来有一个幸福的家庭。她跟丈夫在结婚的十年间一直十分恩爱，还有一个乖巧懂事的女儿。后来，李女士得了抑郁症和狂躁症，开始时并不算严重，但是经过治疗之后，李女士的病情并没有随之好转，而是越来越严重。随后，李女士就慢慢成了一个“购物狂”，她开始疯狂地出入高级商店，购买高档衣服和女包，有时还经常到高档酒店开房间不回家住。

最初时，丈夫都适当给予了满足，但是随着她的生活变得越来越奢侈，丈夫也承受不了了，毕竟他虽然收入不算太低，但是家里还有其他的一些开销，而自己的收入并没有达到可以任由妻子挥霍的地步。于是丈夫经常规劝妻子不要这么奢侈，但李女士不仅不予以理会，甚至大吵大闹要丈夫满足自己的要求，扬言丈夫不给自己钱花，就砍死丈夫，夫妻俩为此多次大打出手，甚至惊动了警方。面对这种局面，丈夫开始十分无奈，后来李女士的情况变得越来越严重，甚至在花完家里的积蓄之后，跟亲戚借钱消费。忍无可忍之下，丈夫提出了离婚。

后来，李女士到医院对自己进行了检查。医生给出的诊断结果是，李女士的“购物狂”其实是狂躁症的一种表现，而且李女士的狂躁症和抑郁症，已经非常严重了。李女士的医生在诊断书里这样写道，李女士的狂躁症，表现得十分明显，夸大自己的能力、地位和财富，已经到了妄想的程度。为小事暴躁易怒，自控能力降低，花钱如流水，不计后果……

李女士的购物成瘾毁坏了自己原本幸福的家庭。严重的购物成瘾的人就是会这样。她们在有压力或者情绪不稳定的时候，往往会借冲动购物来缓解，可是这样并不能够减缓自己的情绪，反而在之后会产生对自己失控行为的自责和憎恨。将一切问题都归在自己身上，时间一长就容易造成购物成瘾行为。案例中李女士的行为虽然是由抑郁症和狂躁症所引起的，但是并非所有的购物成瘾行为都是因为心理疾病所引起的，也并不是所有的心理疾病都会引发人们购物成瘾。

女人在很多时候，尤其是情绪低落的时候，就容易冲动购物。如果你有以下几种情况，那么你就要小心了。

1.你经常购物而且经常会购买你能力范围外的东西，不需要的东西，购物的时间往往比预计的时间长得多。

2.你常常会有购物的冲动。

3.购物的想法或者购物冲动困扰着你。或者说你总在考虑购物，并希望这些念头或者冲动会减少。

4.购物行为或者购物冲动给你带来了很多痛苦。

5.购物行为或者购物的冲动以某种方式极大地干扰了你的生活。

女人去购买需要的东西，这是无可厚非的，而当一些东西我们并不那么需要，你却总是在买的时候，就成问题了。很多人在虚荣心的驱使之下，总是将拥有物质的多少、外貌形象的好坏看得过于重要，用金钱、经历与时间去表现一种优越感，却没有发现自己的内心在一天天枯萎。如果你总在为外在的虚荣而活，就会失去内在的自己，幸福感也会慢慢离你而去。

女人如果想要控制自己的购物欲，就要积极打压这颗虚荣心，不让自己被别人或者环境所影响。不妨先缓一缓自己的购物欲望，要暗示自己其实并不需要这个东西。比如有些女生在网上购物的时候，就可以先将准备要买的东西放入购物车，但是并不立刻购买，等到过段时间之后，你可能就对这个产品没兴趣了，会自然将这个产品从购物车里删除。另外，也可养成记账的习惯，坚持记载自己的消费情况，减少盲目开支。

总之，千万别因为购物毁掉了自己的生活，平衡自己，将视线从琳琅满目的商品中移开，控制自己的欲望，找到更多的生活乐趣。

* * * * * * * * * * * * * * * * *

许多沉沦，始于虚荣

热衷名利的人，像旋转轮上的狗，或笼中的松鼠，虽然它们一直在焦虑中不断地用力爬，但却永远达不到顶端。

在当今这个物欲横流的时代，无数人行走在追逐名利的路上。其实每个人都有自己的欲望，不过有的人会把自己的欲望藏起来，而有的人则会赤裸裸地暴露出来。欲望之门就像是海市蜃楼，一旦去追逐，面临的可能就是一条不归路。而有些女人却在这条路上越走越远。

不可否认没有人是真的能够无欲无求的，因为生存本身就是一种欲求。为了生存，人们需要满足自己的生活底线。衣、食、住、行，及精神层面，都需要得到足够的保障。不过欲望是需要遏止的。然而，欲望又是无止境的。

我们都看过《渔夫与金鱼》的童话故事。故事一开始，一个老渔夫跟他的老婆住在一间破旧的泥舍里。有一次，老渔夫下海撒网，捞上来一条金鱼。金鱼恳求说只要老渔夫放了她，她就会答应老渔夫的任何要求。老渔夫打了三十三年鱼，却从来没见过鱼开口说话。于是他很快就放过了那条金鱼。

回到家之后，老渔夫跟自己的老婆说起了这件事。老太婆指责渔夫说："你这个蠢货，你这个傻瓜！不敢拿这条鱼的报酬！哪怕你跟她要个木盆也是好的，我们的木盆已经烂得不成样子了。"于是，老渔夫就走到海边，跟金鱼要了一个新的木盆。

得到了新的木盆的老太婆并没有满足，反而骂得更厉害："你这个蠢货，你这个傻瓜！只要了个木盆，你真蠢！木盆有什么了不得？滚回去，蠢货，回到金鱼那儿去，向她行个礼，找她要一座木房子。"于是，老渔夫又走到海边，跟金鱼要了一座木房子。

得到了木房子的老太婆坐在窗子下，指着丈夫破口大骂："你这个蠢货，你这个地道的傻瓜！只要了一座木房子，你真傻！滚回去，向金鱼行个礼，说：我不愿再做低贱的庄稼婆，我要做个世袭的贵妇。”老渔夫不得不又来到海边，跟金鱼提出了这个要求。

要求得到满足的老太婆依然没有满足，她的脾气越来越坏，最后骂骂咧咧地跟渔夫说：“滚回去，向金鱼行个礼，说：我不愿再做贵妇人，我要做自由自在的女皇。”渔夫觉得老太婆的要求太过无礼，但是最后还是不得不走到海边，跟金鱼提出了这个要求。金鱼依然像之前一样，答应了他的要求。

渔夫以为老太婆的欲望这次应该满足了，但是过了一星期，老太婆的脾气发得更厉害。她对渔夫说：“滚回去，告诉金鱼，我要当海上的女霸王，生活在海里，叫金鱼来侍候我，听我随便使唤。”老头儿不敢顶嘴，更不敢违抗。于是他只能像之前一样，对着金鱼说出了这个要求。

金鱼一句话也没说，只用尾巴在水里一划，就游进了深深的大海。渔夫一直没有等到消息，就只好回家。回去之后，他就看到在自己面前的仍然是那所小泥舍；他的老太婆坐在门槛上，摆在她前面的，还是那个破木盆。

从这个故事中，我们不难看出，人们的欲望往往是很难填满的，一个愿望实现了，就会产生另一个更高级的愿望。随着愿望不断升级，欲望也越来越膨胀。没有物质的时候，想要物质；有了物质，想要更好的、更奢华的物质；而有了更高级的物质，却又想要精神。想要被喜欢，被欣赏，被尊重，甚至被膜拜。

与男人们的野心相比，女人们的欲望或许看起来并不那么张扬，但是由于女性心思细腻，往往会陷入到某种执念之中难以自拔。因此，一旦女人迷恋上了某种东西，就可能不达目的誓不罢休。而女人又偏偏很容易去迷恋一些东西。有的女人只要看到别人拥有而自己没有的东西，就也想要得到。随着互联网越来越发达，各种资讯铺天盖地地向女人涌来，在看到一些明星八卦和灰姑娘变公主的故事之后，很多女人就会产生麻雀变凤凰的梦想。童话，着实令很多女人们羡慕得红了眼睛。

越来越多的女人想要成名，想要过上名利双收的日子。但是她们没有想过无论想要获得什么，都要付出相应的代价。这些代价，有些是可以预见或者看到，有些却是无形的，淹没在时间的洪流里。也许，当“名利”摆在面前，没有人可以选择漠视，但是也有一些人能够控制自己的内心，不被名利牵着走。即便名利可以带来短暂的快乐与满足，但是长期沦陷其中，就会让自己迷失。

名利对人来说都是身外之物，生了带不来，去了也带不走。与其陷于名利无法自拔，不如做回自己，为自己的目标而奋斗。

* * * * * * * * * * * * * * * * *

抵得住诱惑，才能守得了繁华

人的价值，在遭到诱惑的一瞬间决定。

这是一个到处都充满了诱惑的时代，金钱、荣誉、地位……几乎填满了人们整个生活。面对这样一个“乱花渐欲迷人眼”的现实社会，优雅淡定的女人，有一双能够看透诱惑的眼睛，她们懂得用自己的定力去抵住诱惑，守住自己的底线。她们相信，只有阅历过阴间般的熬煎，才有降服地狱的力气；只有流过血的手指，才能弹出生间的绝唱。

在一次采访中，记者询问一个国际名模说："您最喜欢吃的东西是什么？"

那个模特听了这个问题，两眼冒光，兴奋地说："冰淇淋啊！"

记者对这个回答觉得十分吃惊，因为像冰淇淋这种高热量的食品，往往会容易导致体重增长。而对于一个模特来说，身材是工作的资本。

记者接着问道："那么您会多长时间放纵一下自己呢？"

那个模特笑着说："其实，我已经有10年没吃过冰淇淋了！"

冰淇淋的美味，足以让女孩垂涎三尺，但是这却是模特最大的忌讳，对于模特而言，没有什么比让她们保持一个好的身材更重要的了。也正是因为那位模特敢于向自己喜欢的事物说不，所以才能够在工作中取得不错的成绩。除了这位模特以外，我们还看到了很多因为抵得住诱惑而成功的名人。世界知名品牌香奈儿的创始人可可·香奈儿就曾经抵住了巨大的诱惑。

有一次，可可·香奈儿跟当时英国的首富威斯敏斯特公爵一起用餐。用完餐之后，公爵就疯狂地爱上了可可，随即对其进行疯狂的追求。每天可可都会收到一份别出心裁的礼物，有时候是一枚天价的古董胸针，有时候是来自威尔士的鲜花。这些礼物都在给可可传递着一个信息——如果答应了公爵的追求，她不仅可以成为欧洲最富有的女性之一，而且还能得到公爵夫人的称号。

不过，在经过了长达六年的爱情马拉松之后，可可突然发现如果自己接受了公爵妇人的头衔，很可能会限制自己事业的发展。而在可可看来，事业要比那些名利更加重要，为此她毅然决然地放弃了成为公爵夫人的机会，因为“有大把的公爵夫人，但是，可可·香奈儿仅有一个”。

公爵夫人的头衔，对很多女人来说都具有巨大的吸引力，可是可可·香奈儿却抵住了这样的诱惑，为了自己事业果断地放弃了这样的荣耀。

在生活中，每个女人都可能会面对像冰淇淋的美味、公爵夫人的头衔这样的诱惑。有些诱惑可能会让你怦然心动，但是不管怎样，都要学会审视自己，知道自己要的是什么，自己的底线在哪里，不要为了诱惑而出卖了自己。

人们也常常会为了一些看似不起眼的诱惑而丧失本性。有些女人常常会因为看到打折，或者一些不起眼的赠品而去购买一些根本不需要的东西。

有些诱惑是物质上的，有些诱惑是精神上的，每个人都可能会被诱惑牵着走，因此拒绝诱惑是非常需要勇气的。

有些人的忠诚，并非是本性而为；有时候不过是因为外界的诱惑不够大罢了；有些人看起来仪表堂堂，博学多才，但是这并不能表明他一定抵挡得住财色名利的诱惑。子曰：“岁寒，然后知松柏之后凋也。”荀子更是认为：岁不寒无以知松柏，世不难无以见君子。只有耐得住诱惑的人才能在人生的道路上越行越远。

人生匆匆而过，你能够正确地解读和面对那些你生命中可能出现的诱惑，就往往可能会决定你的人生质量如何。聪明的女人懂得用淡定的眼光去看待诱惑，古今之成大事业者、大学问者，无不耐得住寂寞、守得住诱惑，“不以物喜，不以己悲”。

* * * * * * * * * * * * * * * * *

金钱从来都不是幸福的代名词

金钱可以买娱乐，但不能买快乐。

人为什么会来到这个世上？这是一个困扰人类生存价值观的重要问题。为了金钱？为了梦想？为了名誉？每个人心中都有一个不同的答案。当然，不管是为什么来到世上，都离不开物质的需求，毕竟这是人生存的基础条件。可是，有些人却把物质的需求当成了生活的全部，认为物质财富积累得越多，幸福感就越多。

西方哲学家卢梭曾经说过：“大多数所谓豪华和舒适的生活不仅不是必不可少的，反而是人类进步的障碍。对此，有识之士更愿选择比穷人还要简单和粗陋的生活，简单和单纯的生活有利于消除物质与生命本质之间的隔阂。为了获得圆满无悔的一生，我们必须认清哪些是我们必须拥有的；哪些是可有可无的；哪些是必须丢弃的。”此言与诸葛亮“淡泊以明志，宁静以致远”的古训如出一辙，不能不令人深思。

其实，不难发现，凡对生活充满幸福感的人，往往都对最朴实的东西保持着珍惜的态度，对物质反而没有太多的奢望，只求内心的简约。

佛说，美好无处不在，不美好则来自贪欲。可是贪欲又从何而来呢？追根究底是因为人们太过渴望物质的享受。当然追求物质与财富本没有错，只是女人如果想要过得幸福，就要明白，生活的目的并非只有物质，还有很多其他美好的追求。

在一家文化公司担任会计的琳琳一直过着安逸幸福的生活。有一天，她突然得到大学同学的通知，邀请她参加自己的婚礼。琳琳怀着喜悦的心情欣然前往，但是当她看到那些多年未见的老同学的时候，心情反而开始低落起来。

原来，琳琳看到过去跟自己朝夕相处，条件也跟自己差不多的几个好姐妹，如今要么小有成就，要么嫁给了家世好、收入也高的老公，这让琳琳心理很不平衡。因为朋友们在谈论奢侈品和衣服的时候，她突然觉得自己就像是一个刚刚从乡下闯入繁华都市的姑娘，身上除了土气还是土气。这顿婚宴，琳琳吃得很不是滋味，回到家之后，久久不能平静，一边感慨自己生活过得太过一般，一边抱怨自己的老公没出息，于是原来过得十分幸福的琳琳开始郁郁寡欢起来，常常跟丈夫吵架。

琳琳为什么会觉得不快乐呢？因为她把物质看得太过重要了，原本可以过得十分幸福的生活，在与同学的攀比中，慢慢被遗忘，让她陷入到情绪的低潮。

其实一个人就算过着贫苦的生活，若能够保持快乐的心情，拥有积极的心态，依然能够获得圆满的人生。而如果一个人的内心空虚，只在乎金钱，贪得无厌，那么就算她获得了梦寐以求的财富，也难以获得快乐。因此想要获得真正的快乐，要不为生活的表象所迷惑，要能够真正认识到我们生活的目的，如此才能少一些忧虑，真正做到内心不生气。

在这个物质世界与精神世界交织的世界里，要做到平和淡定，最重要的一点就是剔除贪欲，知足常乐。

正如一位哲人所说：欲望是海水，越喝越渴。对于那些被欲望所困的人来说，天下没有一把椅子是舒服的。欲望就像是一团熊熊烈火，柴放得越多，火就烧得越旺，而火烧得越旺，人们越有添柴的冲动。

生活原本就是一个圈，我们一无所有地来到世上，到一无所有地离开，这期间不管得到多少，最终都会失去，这是人生的轮回。可是很多人看不透这一点，她们往往会贪婪地去企图从世上获得更多的物质财富，殊不知，太多的欲望会让自己活得越来越累，离幸福越来越远。

多一份知足，就会少一份焦虑；多一份真实，便少了一份虚假；多一份快乐，就少了一份悲苦；多一份明白，就少一份迷惑。这是生活最简单的追求。我们内心的丰富并不取决于外界的环境如何，只要我们愿意就有一份美好摆在我们的面前。

真正的富足是内心的淡定与豁达，一个只注重追求金钱的人，内心往往是浮躁的，她们易怒，想要摆脱这份焦虑，就必须注重精神的积累，才能化解生气的源头，活得潇洒自在。

幸福其实是无遮无拦的，它就像山坡上悄悄绽放的野花，没有围栏，也不需要门票，只要有颗清净的心和一双没被遮住的眼睛，就能得到。

心理测试

了解你的物质欲望

题目：春天的时候，你栽下了一棵苹果树，你认为一年之后，它会变成什么样子呢？

A.每个枝头都开满了迷人的小花。

B.结出了很多又甜又红的大苹果。

C.夏天能够给我们带来一片阴凉。

D.不清楚。

答案解析：

A.每个枝头都开满了迷人的小花。

你是一个十分注重外表与氛围的浪漫主义者，以自我感觉为中心，认为活着就是个心情，因此你并没有很强的物欲，所以也不会刻意去追求财富。你认为不必也没有必要去购买好的房屋，只要有个安身之所就够了。比起在郊外买栋豪华别墅但是工作要跑很远，你宁愿在公司附近租一间公寓住。

B.结出了很多又甜又红的大苹果。

你是一个典型的现实主义者。你认为只要付出就会有收获，一切努力的结果，都是马上可得到的利益。你很注重财富的积累，也会为得到财富而付出行动，但是并不会太过贪婪。

C.夏天能够给我们带来一片阴凉。

你具有很好的平衡感，注重逻辑性思考。因此，你对财产的欲望不会很强，不过你会积累财产，通过几年的节省，你会获得不菲的财产。你在想得到某种东西之前，会十分冷静地去判断自己的购买能力，如果超过了你的预期，那么你会果断放弃。

D.不清楚。

你是个行动跟着感觉走的人，往往不会听取他人的意见，十分偏执，自以为是。你的金钱欲望十分强烈，但又不想要通过努力获得，因此常常追寻一些脱离实际的梦想。你很会钻牛角尖，从来都是在瞻前顾后，买东西也常常都是冲动而为，也常常因此而后悔不已。

参考文献

[1]墨浅羽编著.优雅女人不失控、不生气[M].成都：成都时代出版社，2014

[2]悠然著.不生气的女人最幸福[M].北京：中华工商联合出版社，2012

[3]雅楠编著.优雅的女人不生气[M].苏州：古吴轩出版社，2014

[4]梵奕编著.聪明的女人不生气[M].北京：北京理工大学出版社，2012

[5]文捷编著.淡定的女人不生气[M].北京：中国华侨出版社，2012

[6]韦甜甜著.不生气的女人最幸福2：做内心强大的睿智女人[M]北京：中华工商联合出版社，2014